과학 공화국
물리 법정

4
소리와 파동

과학공화국 물리법정 4

소리와 파동

ⓒ 정완상, 2007

초판 1쇄 인쇄일 | 2007년 4월 19일
초판 19쇄 발행일 | 2022년 2월 25일

지은이 | 정완상
펴낸이 | 정은영
펴낸곳 | (주)자음과모음

출판등록 | 2001년 11월 28일 제2001-000259호
주소 | 10881 경기도 파주시 회동길 325-20
전화 | 편집부 (02)324-2347 경영지원부 (02)325-6047
팩스 | 편집부 (02)324-2348 경영지원부 (02)2648-1311
이메일 | jamoteen@jamobook.com

ISBN 978 - 89 - 544 - 1377 - 0 (04420)

과학공화국
물리법정

정완상(국립 경상대학교 교수) 지음

4
소리와 파동

㈜ 자음과모음

생활 속에서 배우는 기상천외한 과학 수업

물리와 법정, 이 두 가지는 전혀 어울리지 않는 소재들입니다. 그리고 여러분에게 제일 어렵게 느껴지는 말들이기도 하지요. 그럼에도 불구하고 이 책의 제목에는 분명 '물리법정'이라는 말이 들어 있습니다. 그렇다고 이 책의 내용이 아주 어려울 거라고 생각하지는 마세요.

저는 법률과는 무관한 과학을 공부하는 사람입니다. 하지만 '법정'이라고 제목을 붙인 데에는 이유가 있습니다.

이 책은 우리의 생활 속에서 일어나는 여러 가지 재미있는 사건을 다루고 있습니다. 그리고 물리적인 원리를 이용해 사건들을 차근차근 해결해 나간답니다. 그런데 크고 작은 사건들의 옳고 그름을 판단하기 위한 무대가 필요했습니다. 바로 그 무대로 법정이 생겨나게 되었답니다.

왜 하필 법정이냐고요? 요즘에는 〈솔로몬의 선택〉을 비롯하여 생활 속에서 일어나는 사건들을 법률을 통해 재미있게 풀어 보는 텔레비전 프로그램들이 많습니다. 그리고 그 프로그램들이 재미없다고 느껴지지도 않을 겁니다. 사건에 등장하는 인물들이 우스꽝스럽고, 사건을 해결하는 과정도 흥미진진하기 때문입니다. 〈솔로몬의 선택〉이 법률 상식을 쉽고 재미있게 얘기하듯이, 이 책은 여러분의 물리 공부를 쉽고 재미있게 해 줄 것입니다.

여러분은 이 책을 읽고 나서 자신의 달라진 모습에 놀랄 겁니다. 과학에 대한 두려움이 싹 가시고, 새로운 문제에 대해 과학적인 호기심을 보이게 될 테니까요. 물론 여러분의 과학 성적도 쑥쑥 올라가겠죠.

물리학은 항상 정확한 판단을 내릴 수 있습니다. 왜냐하면 물리학의 법칙은 완벽에 가까운 진리이기 때문입니다. 저는 그 진리를 여러분에게 조금이라도 느끼게 해 주고 싶습니다. 과연 제 의도대로 되었는지는 여러분의 판단에 맡겨야겠지요.

끝으로 이 책을 쓰는 데 도움을 준 (주)자음과모음의 강병철 사장님과 모든 식구들에게, 그리고 스토리 작업에 참가해 주말도 없이 함께 일해 준 조민경, 강지영, 이나리, 김미영, 도시은, 윤소연, 강민영, 황수진, 조민진 양에게 감사를 드립니다.

진주에서

정완상

목차

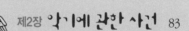

피즈 변호사

물리법정의 탄생

과학을 좋아하는 사람들이 모여 사는 과학공화국이 있었다. 과학공화국의 국민들은 어릴 때부터 과학을 필수 과목으로 공부하고, 첨단 과학으로 신제품을 개발해 엄청난 무역 흑자를 올리고 있었다. 그리하여 과학공화국은 세상에서 가장 부유한 나라가 되었다.

과학에는 물리학, 화학, 생물학 등이 있는데 과학공화국 국민들은 다른 과학 과목에 비해서 유독 물리학을 어려워했다. 돌멩이가 떨어지는 것이나 자동차의 충돌 사고, 놀이 기구의 작동 원리, 정전기를 느끼는 일 등과 같은 물리적인 현상이 주변에서 쉽게 관찰되지만, 그러한 현상들의 원리를 정확하게 알고 있는 사람은 드물었다.

그 이유는 과학공화국의 대학 입시 제도와 관련이 깊었다. 대부분의 고등학생들은 대학 입시에서 높은 점수를 받기 쉬운 화학, 생물을 선호하고 물리를 멀리했다. 학교에서는 물리를 가르치는 선

생님들이 줄어들었고, 선생님들의 물리 지식 수준 역시 낮아졌다.

이런 상황에서도 과학공화국에서는 물리를 이해해야 해결할 수 있는 크고 작은 사건들이 많이 일어났다. 그런데 사건의 상당수를 법학을 공부한 사람들로 구성된 일반 법정에서 다루어서 정확한 판결을 내리기가 힘들었다. 이로 인해 물리학을 잘 모르는 일반 법정의 판결에 불복하는 사람들이 많아져 심각한 사회 문제로 떠오르고 있었다.

그리하여 과학공화국의 박과학 대통령은 회의를 열었다.

대통령이 힘없이 말을 꺼냈다.

"이 문제를 어떻게 처리하면 좋겠소?"

법무부 장관이 자신 있게 말했다.

"헌법에 물리적인 부분을 좀 추가하면 어떨까요?"

대통령이 못마땅한 듯 대답했다.

"좀 약하지 않을까?"

의사 출신인 보건복지부 장관이 끼어들었다.

"물리학과 관련된 사건에 대해서는 물리학자를 법정에 참석시키면 어떨까요? 의료 사건의 경우 의사를 참석시켰는데 성공적이었거든요."

내무부 장관이 보건복지부 장관에게 항의했다.

"의사를 참석시켜서 뭐가 성공적이었소? 의사들의 실수로 인한 의료 사고를 다루는 재판에서 의사가 피고(소송을 당한 사람)인 의사 편을 들어 피해자가 속출했잖소."

"자네가 의학을 알아? 전문 분야라 의사들만 알 수 있어."

"가재는 게 편이라고 의사들에게 항상 유리한 판결만 나왔잖아."

평소 사이가 좋지 않던 두 장관이 논쟁을 벌였다.

부통령이 두 사람의 논쟁을 막았다.

"그만두시오. 우린 지금 의료 사건 얘기를 하는 게 아니잖아요. 본론인 물리 사건에 대한 해결책을 말해 보세요."

수학부 장관이 의견을 냈다.

"우선 물리부 장관의 의견을 들어 봅시다."

그때 조용히 눈을 감고 있던 물리부 장관이 말했다.

"물리학으로 판결을 내리는 새로운 법정을 만들면 어떨까요? 한마디로 물리법정을 만들자는 겁니다."

침묵을 지키고 있던 박과학 대통령이 눈을 크게 뜨고 물리부 장관을 쳐다보았다.

"물리법정!"

물리부 장관이 자신 있게 말했다.

"물리와 관련된 사건은 물리법정에서 다루면 되는 거죠. 그리고 그 법정에서의 판결들을 신문에 실어 널리 알리면 사람들이 더 이상 다투지 않고 자신의 잘못을 인정할 겁니다."

법무부 장관이 물었다.

"그럼 국회에서 물리와 관련된 법을 만들어야 하잖소?"

"물리학은 정직한 학문입니다. 사과나무의 사과는 땅으로 떨어지지 하늘로 솟구치지는 않습니다. 또한 양의 전기를 띤 물체와 음의 전기를 띤 물체 사이에는 서로 끌어당기는 힘이 작용하죠. 이것은 지위와 나라에 따라 달라지지 않습니다. 이러한 물리적 법칙은 이미 우리 주위에 있으므로 새로운 물리법을 만들 필요는 없습니다."

물리부 장관의 말이 끝나자 대통령은 입가에 미소를 띠며 흡족해했다. 이렇게 해서 물리공화국에는 물리 사건을 담당하는 물리법정이 만들어지게 되었다.

이제 물리법정의 판사와 변호사를 결정해야 했다. 하지만 물리학자는 재판 진행 절차에 미숙하므로 물리학자에게 재판 진행을 맡길 수는 없었다. 그리하여 과학공화국에서는 물리학자들을 대상으로 사법고시를 실시했다. 시험 과목은 물리학과 재판진행법, 두 과목이었다.

많은 사람들이 지원할 거라 기대했지만 세 명의 물리 법조인을 선발하는 시험에 세 명이 지원했다. 결국 지원자 모두 합격하는 해프닝을 연출했다.

1등과 2등의 점수는 만족할 만한 점수였지만 3등을 한 물치는 시험 점수가 형편없었다. 1등을 한 물리짱이 판사를 맡고, 2등을 한 피즈와 3등을 한 물치가 원고(법원에 소송을 한 사람) 측과 피고 측의 변론(법정에서 주장하거나 진술하는 것)을 맡게 되었다.

이제 과학공화국의 사람들 사이에서 벌어지는 수많은 사건들이 물리법정의 판결을 통해 원활히 해결될 수 있었다. 그리고 국민들은 물리법정의 판결들을 통해 물리를 쉽고 정확히 알게 되었다.

소리에 관한 사건

비가 오지 않는 마을

직접 자를 대어 잴 수 없는 우물 같은 곳은
어떻게 길이를 잴까요?

사건속으로

과학공화국 남쪽에 위치한 쨍쨍마을에 석 달 동안
이나 비가 내리지 않아 온 마을 사람들이 근심에
빠졌다.

"어휴, 벌써 몇 달째 비가 오지 않으니 정말 큰일이군."

"그러게 말예요. 도랑이든 냇가든 바닥이 드러나 빨래며 뭐며 할
곳이 마땅치 않아요. 아이들이 물놀이할 곳은 물론이고요."

"어서 비가 와야 할 텐데……."

비가 오기를 비는 기우제를 지냈는데도 기다리던 비가 내리지
않자 마을 사람들은 본격적으로 마실 물을 찾아보기로 했다. 사람

들이 자주 다니지 않았던 곳에 혹시 쓰지 않아 막힌 우물이 있을 줄 모른다는 의견이 있어서였다. 흰 턱수염을 기른 할아버지부터 유치원에 다니고 있는 꼬맹이까지, 온 마을 사람들이 동원되어 팀을 짜서 마을 구석구석을 살폈다.

"휴, 벌써 어두워지려고 하네요. 오늘은 여기까지 하고 내일 다시 찾아봅시다."

혹시나 하는 마음으로 나섰던 마을 사람들이 실망해 하나둘 집으로 돌아가려는데, 동글언덕 쪽에서 쩌렁쩌렁한 목소리로 외치는 소리가 들렸다.

"여기예요! 여기, 우물이 있어요. 마실 물을 찾았다고요!"

동글언덕 쪽에 가시덤불이 많아 사람들이 쉽게 들어가지 않는 곳에 정말 우물이 있었다.

우물의 물은 아주 신선해 마을 사람들이 식수로 사용하기에 전혀 부족함이 없었다.

"음, 정말 시원한 물이에요. 이곳으로 다닐 수 있는 길을 내고, 우물을 퍼 올릴 두레박을 만듭시다. 온 마을 사람들이 이 우물을 사용할 수 있도록 합시다."

쩅쩅마을 이장의 지휘로 마을 청년들이 우물로 다닐 길을 닦았다. 물을 쓰다 보면 우물 근처가 오염될 우려가 있어서 판판한 돌을 가져다 다지고 쓰레기통이며 자질구레한 장비를 마련했다.

이제는 우물을 퍼 올릴 두레박을 준비할 차례였다.

쨍쨍마을의 이장이 수소문해서 두레박을 전문으로 만든다는 눈대중 씨를 마을에 모셨다.

눈대중 씨가 오던 날 쨍쨍마을 사람들은 우물에 모였다.

눈대중 씨가 우물을 들여다보더니 말했다.

"오케이, 내일까지 만들어 드리겠습니다."

쨍쨍마을의 이장이 놀라며 물었다.

"아니, 그렇게 대충 봐서 제대로 된 두레박을 만들 수 있겠소?"

눈대중 씨가 걱정 말라는 투로 말했다.

"제가 괜히 두레박 전문가이겠습니까? 다 알아서 만들어 드릴 테니 걱정은 붙들어 매시지요."

이튿날, 눈대중 씨가 두레박을 가지고 쨍쨍마을을 다시 찾았다.

눈대중 씨는 쨍쨍마을 사람들 앞에 두레박을 보이며 말했다.

"자, 완성된 두레박입니다. 비용은 총 20만 달란입니다."

두레박 가격을 듣고 놀란 마을 사람들이 너무 비싸다며 한마디씩 했다.

"아니, 뭐가 그렇게 비싸죠?"

"두레박 줄이 너무 긴 게 아닌가요?"

눈대중 씨가 손을 들어 마을 사람들의 주위를 집중하며 말했다.

"두레박을 만드느라 든 재료비뿐 아니라 저의 노하우를 담았으니 아주 적정한 값입니다. 그리고 두레박줄이야 긴 편이 짧은 것보다 훨씬 낫죠. 아무튼 두레박 값이나 어서 주십시오."

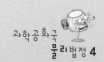

쨍쨍마을의 이장이 나섰다.

"그럴 순 없어요. 줄을 너무 길게 해서 두레박 값이 터무니없이 비싸진 것 아닌가요? 우물 깊이를 정확하게 조사했다면 이런 일은 없었을 거예요. 더 들어간 줄 값은 지불할 수 없어요."

쨍쨍마을 사람들이 모두 고개를 끄덕이며 눈대중 씨에게 비용을 깎아 달라고 했다. 하지만 눈대중 씨는 처음 요구한 가격을 깎지 못하겠다고 맞섰다.

쨍쨍마을 사람들과 눈대중 씨는 두레박 값을 놓고 다툼을 벌이다 결국 물리법정에 이 사건을 의뢰했다.

소리(음파)의 반사를 이용하여
깊은 곳이나 바다 속 깊이를 측정합니다.

과학공화국
물리법정 4

여기는 **물리법정**

우물의 깊이를 잴 수 있는
방법이 있을까요?
물리법정에서 알아봅시다.

재판을 시작합니다. 먼저 눈대중 씨 측 변
론하세요.

우물이란 땅속의 흙이나 모래, 암석 따위의
빈틈을 채우고 있는 물로 빗물 같은 것이 땅속에 스며들어 고
인 것입니다. 시내처럼 땅 위로 드러나 있지 않아 땅을 파 물
줄기를 찾아야 합니다. 그러다 보니 두레박을 이용해 깊은 데
서 물을 길어 올려야 합니다.

그건 누구나 다 아는 내용이 아닌가요?

네, 그렇습니다. 제가 여기서 우물이 어떻게 만들어지는지와
두레박이 어떻게 소용되는지 따로 이야기하는 것은 짚고 넘
어가야 할 게 있어서입니다.

그게 뭡니까?

줄자를 들고 내려가 그 길이를 재기 전에는 우물의 깊이를 알
수 없다는 것이죠.

그것 역시 다 아는 내용인 것 같군요. 다음은 쨍쨍마을 측 변
론하세요.

소리깊이연구소의 소리깊 박사를 증인으로 요청합니다.

목걸이며 브로치며 여러 가지 장식물로 치장해 움직일
때마다 소리가 요란한 30대 여자가 증인석으로 천천히 걸
어 들어왔다.

소리깊 선생님, 소리깊이연구소가 뭘 하는 곳인지 소개해 주
세요.

소리를 이용하여 깊이를 재는 연구를 합니다.

그게 가능한가요?

물론입니다.

그 방법을 설명해 주세요.

소리는 1초에 340미터를 움직입니다. 메아리를 예로 들어 볼
까요. 우리는 메아리가 들리는 시간을 재서 산과 산 사이의
거리를 알 수 있습니다.

좀더 자세하게 설명해 주세요.

메아리는 울려 퍼지던 소리가 산이나 절벽 같은 데에 부딪쳐
되울려 오는 소리입니다. 그러므로 '야호' 하고 난 뒤 메아리
가 4초 만에 들렸다면, 소리가 맞은편 산으로 갔다가 되돌아
오는 데 4초가 걸렸다고 할 수 있습니다. 이 수치를 바탕으로
소리가 움직인 거리는 소리의 속력과 시간을 곱한 $4 \times$
$340=1360(m)$라는 계산이 가능해집니다. 그리고 이 거리는
산과 산 사이의 거리의 두 배이므로, 산과 산 사이의 거리는

그 절반인 680미터가 되는 것이죠.

정말 대단하군요. 이 방법을 다른 곳에서도 사용합니까?

네, 바다의 깊이를 잴 때도 사용합니다. 배를 타고 바다의 바닥을 향해 소리를 보낸 후 소리가 되돌아오는 데 걸리는 시간을 측정해 바다의 깊이를 잴 수 있지요.

그렇다면 우물의 깊이도 이 방법으로 잴 수 있겠네요?

물론입니다. 우물에 돌을 던진 후 돌이 물에 닿은 순간부터 '퐁' 하는 소리가 들릴 때까지의 시간을 재면 됩니다. 만일 이 시간이 2초라면 우물의 깊이는 $2 \times 340 = 680(m)$가 되겠지요.

아하, 그런 방법이 있었군요! 판사님! 잠깐 들여다보는 것으로 우물의 깊이를 재 버렸던 눈대중 씨의 방법은 전혀 근거가 없다는 것이 증명되었습니다. 두레박 값에 대한 쨍쨍마을 사람들의 호소는 받아들여져야 합니다.

판결합니다. 전적으로 피즈 변호사의 주장에 동의합니다. 앞으로 우리 과학공화국에서는 우물에 두레박을 설치할 때는

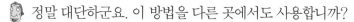

바다의 깊이 측정은?

바다의 깊이를 측정하는 기계를 '측심기'라 하며, 옛날에는 긴 줄에 납 등의 무거운 추를 달아매고 줄에는 눈금을 두어 측정하였으나 현재에는 음향 측심기(echo sounder)를 이용합니다. 배의 밑바닥에서 음파를 보내어 바다 밑바닥에서 반사되어 돌아오는 시간에 1,500m/s(수중에서 음파는 공기 중 속력인 340m/s보다 빠른 1,500m/s의 속력으로 전달됩니다)를 곱하고 왕복 시간이므로 2로 나누어서 바다의 깊이를 계산할 수 있습니다.

그것을 담당한 업자가 초정밀 스톱워치를 사용해 우물의 깊이를 정확하게 재어 이번처럼 이치에 맞지 않는 두레박 값이 매겨지는 일이 없도록 하겠습니다.

소심해 씨는 너무 말이 없어

사람이 귀로 들을 수 있는 소리의 세기는 얼마나 될까요?

사건속으로

"죄송합니다. 먼저 일어나 볼게요."

"아, 아니……."

저런, 소심해 씨는 100번째 맞선에서도 퇴짜를

맞고 말았다.

집에 돌아오자 소심해 씨의 어머니가 한마디 했다.

"아이고, 이 녀석아. 또 퇴짜를 맞았니?"

소심해 씨가 변명하듯 말했다.

"그, 그게 아니라……."

소심해 씨의 어머니가 손을 저으며 말했다.

"아니긴 뭐가 아니야! 다음 맞선에서도 퇴짜를 맞으면 결혼은 포기해야 할 거야!"

소심해 씨는 어머니의 말에 대구할 말이 없었다.

"……네, 어머니."

드디어 101번째 맞선 날.

'이번에는 꼭 성공해야지!'

굳은 결심을 한 소심해 씨는 새 양복에 새 구두를 신고 돋보이게 할 향수까지 뿌린 다음 맞선 장소로 향했다.

소심해 씨가 자신을 소개했다.

"처, 처음 뵙겠습니다. 저, 저는 소심해라고 합니다."

맞선 아가씨도 자신을 소개했다.

"네, 저는 조용해라고 합니다."

첫 인사를 나눈 뒤 두 사람은 커피가 나올 때까지 좀처럼 대화를 이어가지 못했다. 조용해 씨도 소심해 씨 못지않게 말수가 적고 내성적인 성격이었다.

드디어 커피가 날라져 오고 소심해 씨와 조용해 씨가 우물쭈물하며 그것을 마시고 있는데, 두 사람이 앉은 테이블에서 약 10미터 정도 떨어진 곳에 앉아 있던 두 명의 손님이 소곤거리는 소리가 들렸다.

"송이 있잖니, 걔 어제 맞선 봤다고 하더라."

"어머머 정말이야? 촌스럽게 요즘 세상에도 맞선을 보는 사람이

있나 봐."

"누가 아니라니. 얼마나 못났으면 제 스스로 짝도 못 찾아 소개로 짝을 찾는다니? 호호호."

"그런데 저쪽에 앉아 있는 사람들도 맞선 보나 봐. 어색한 게 딱 맞선 보는 분위기야. 후훗, 촌스럽기는."

"얘, 들릴지도 몰라. 조용히 말해."

"여기서 저기까지 거리가 얼만데. 안 들릴 거야."

하지만 불행하게도 그 사람들의 대화 내용은 소심해 씨와 조용해 씨가 앉은 테이블에까지 똑똑히 전해졌다.

부끄러워 얼굴이 발갛게 달아오른 조용해 씨가 커피를 다 마시지도 않고 황급히 자리를 떠나 버렸다.

마지막 맞선이라는 말까지 들었던 소심해 씨는 이번 맞선도 망쳤다는 생각이 들자 머리끝까지 화가 치밀었다.

소심해 씨가 두 사람의 테이블로 성큼성큼 다가갔다.

화난 소심해 씨가 목소리를 낮추어 말했다.

"당신들이 내 맞선을 망쳤으니 책임져요."

소심해 씨의 등장에 놀란 두 손님이 당황한 목소리로 물었다.

"어머, 그게 무슨 말씀이세요?"

소심해 씨가 따졌다.

"당신들이 맞선이 어쩌고저쩌고 수다를 떨어 대는 바람에 내 맞선 상대였던 조용해 씨가 수치심을 느껴 돌아간 거라고요."

두 손님이 말했다.

"아니, 세상에 그런 억지가 어디 있어요?"

소심해 씨는 결국 두 손님의 수다 때문에 자신의 맞선이 실패로 끝났다며 고소를 하기에 이르렀고, 이 사건은 물리법정에서 다뤄지게 되었다.

소리의 세기는 거리의 제곱에 반비례해서 줄어든다.

얼마나 멀리서 소곤거리는 소리까지 들을 수 있을까요?
물리법정에서 알아봅시다.

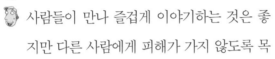

 재판을 시작합니다. 먼저, 원고 측 변론하세요.

사람들이 만나 즐겁게 이야기하는 것은 좋지만 다른 사람에게 피해가 가지 않도록 목소리를 낮추는 것이 예의입니다. 인근 뮤즈공화국만 봐도 아주 작은 소리도 서로에게 방해가 되지 않도록 조심하는 것을 볼 수 있는데, 우리 공화국에서는 그렇게 예의를 차리는 사람은 눈을 씻고도 찾을 수 없습니다. 이 사건은 그런 까닭에 생겼습니다.

 그 점은 저도 동의합니다.

특히나 남녀가 결혼을 위해 만나는 자리인 맞선이라면 주위에서 그런 예의를 잘 지켜 주어야 하는 게 아닌가요?

 맞아요.

그런 이유로 상대방을 배려하지 않은 두 손님에게 엄한 벌을 주어야 마땅합니다.

 이번에는 피고 측 변론하세요.

오랜만에 만나든 자주 만나든 둘 이상의 사람이 모이면 말을 주고받게 마련입니다. 어느 자리에서건 어쩔 수 없는 일입니

다. 그러므로 이번 사건에서 정확하게 짚고 넘어가야 할 부분인 소리에 대해서만 따져 보기로 합시다. 증인으로 소리세기연구소의 이강음 소장을 요청합니다.

더벅머리에 검은 재킷을 걸쳐 입은 30대의 남자가 증인석으로 들어왔다.

🧑 소리세기연구소에서 하는 일은 무엇입니까?

🧑 소리의 세기에 대해 연구합니다. 더 쉽게 말하면, 소리가 얼마나 큰지 그런 것을 잽니다. 단위로는 데시벨(dB)을 씁니다.

🧑 우리가 흔히 듣는 소리는 몇 데시벨 정도인가요?

🧑 준비한 차트가 있습니다.

 소리의 3요소

소리의 3요소는 소리의 세기, 소리의 높낮이, 소리의 맵시입니다.
소리의 세기는 진폭의 크기에 따라 달라지며 진폭이 작으면 작은 소리, 진폭이 크면 큰 소리가 납니다. 이때 소리의 세기를 나타내는 단위는 dB(데시벨)입니다. 소리의 높낮이는 주파수에 따라 변화하며 주파수가 높을수록 고음의 소리가 나고 주파수가 낮을수록 저음의 소리가 나게 됩니다.
이를테면, 사람이 들을 수 있는 소리인 가청 진동수는 20~20,000Hz이고, 사람이 들을 수 없는 초음파는 20,000Hz 이상의 소리입니다.
소리의 맵시는 물체마다 독특하게 발생하는 파동의 모양을 말합니다. 즉 음파의 모양인 파형에 따라 같은 음을 내는 악기의 소리가 다르게 들리는 것입니다. 또한 사람의 목소리가 제각기 다른 이유도 이 때문입니다.

이강음 소장이 차트를 펼쳤다.

10데시벨: 보통 숨소리
40데시벨: 연인이 귀엣말을 속삭일 때
50데시벨: 사무실이나 수업 중인 교실
55~60데시벨: 일상적 대화
70데시벨: 교통이 혼잡한 도로
85데시벨: 전자오락실, PC방
90데시벨: 영화관, 공사장, 비행장 등
100데시벨: 노래방, 공장, 체육관 등
130데시벨: 50m 떨어진 제트 엔진 소리
160데시벨: 귓전에서 쏜 총소리
200데시벨: 50m 떨어진 곳에서 로켓이
　　　　　발사될 때 나는 소리

아하! 차트를 보니까 좀 알겠어요. 그럼 이번 사건처럼 상대 방이 소곤대는 소리는 60데시벨 정도로 보면 되겠군요.

그건 사람에 따라 다르죠. 목소리가 큰 사람은 소리의 세기가 좀 더 커지겠지요.

그렇다면 우리 물리공화국의 레스토랑에서의 소음 제한 범위 는 어떻게 됩니까?

다음 차트를 봐 주세요.

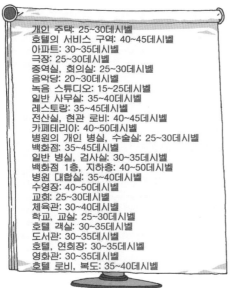

개인 주택: 25~30데시벨
호텔의 서비스 구역: 40~45데시벨
아파트: 30~35데시벨
극장: 25~30데시벨
중역실, 회의실: 25~30데시벨
음악당: 20~30데시벨
녹음 스튜디오: 15~25데시벨
일반 사무실: 35~40데시벨
레스토랑: 35~45데시벨
전산실, 현관 로비: 40~45데시벨
카페테리아: 40~50데시벨
병원의 개인 병실, 수술실: 25~30데시벨
백화점: 35~45데시벨
일반 병실, 검사실: 30~35데시벨
백화점 1층, 지하층: 40~50데시벨
병원 대합실: 35~40데시벨
수영장: 40~50데시벨
교회: 25~30데시벨
체육관: 30~40데시벨
학교, 교실: 25~30데시벨
호텔 객실: 30~35데시벨
도서관: 30~35데시벨
호텔, 연회장: 30~35데시벨
영화관: 30~35데시벨
호텔 로비, 복도: 35~40데시벨

🧑 가만, 일치하지 않은 면이 있네요.

🧑 뭐가요?

🧑 레스토랑의 소음 제한 범위가 35~45데시벨인데 비해 일상적인 대화가 60데시벨이라면, 레스토랑에서는 대화하면 안 되겠는데요?

🧑 레스토랑은 많은 사람들이 대화를 나누기 위해 이용하는 공간입니다. 그러니 그곳을 찾는 사람들은 서로의 팀에 방해가 되지 않도록 귀엣말을 하듯 대화하는 것이 약속 아닌 약속처럼 되어 있습니다. 그런데 이번 사건에서는 두 손님이 소곤거

렸다고 하니, 소리의 세기 말고 거리에 따른 소리의 세기의 변화도 고려해 보아야 합니다.

그건 뭐죠?

소리의 세기가 거리의 제곱에 반비례해서 줄어든다는 거지요.

구체적으로 설명해 주시겠습니까?

소심해 씨와 두 손님과의 거리는 10미터입니다. 두 손님이 소곤거리는 소리가 소심해 씨의 귀에 전달될 때는 100분의 1로 줄어듭니다. 만일 두 손님이 60데시벨의 소리를 냈다면 소심해 씨의 귀에는 40데시벨($60dB - (10 \times \log 100) = 40dB$)의 소리가 들리는 거죠. 이 정도의 소리는 레스토랑의 소음 제한 범위 안에 해당됩니다.

아하! 그렇군요.

---

dB(decibel, 데시벨)이란?

데시벨은 전화를 발명한 영국의 그레이엄 벨의 이름에서 따온 것입니다. 소리의 크기를 나타내는 단위는 벨 또는 데시벨을 쓰는데, 데시벨은 벨의 10분의 1의 크기를 말합니다. 일반적으로는 벨보다 데시벨을 더 많이 사용하지요.

사람이 들을 수 있는 가장 작은 소리를 0데시벨(dB)로 정하고 소리의 크기는 10데시벨 증가할 때마다 소리 에너지가 10배씩 증가합니다. 소리의 세기는 물체가 진동하는 폭, 즉 물체의 진폭에 의하여 정해지며, 센(강한) 소리는 진폭이 크고, 약한 소리는 진폭이 작습니다. 그리고 소리의 세기가 변하더라도 진동수는 달라지지 않습니다.

과학공화국
물리법정 4

판결합니다. 피고 측 증인의 철저한 참고 자료가 판결에 결정적인 역할을 했습니다. 이번 사건은 소심해 씨가 맞선 상대를 위해 조금만 재미난 얘기를 하고 있었어도 손님들의 대화가 귀에 들리지 않았을 거라고 판단합니다. 그러므로 소심해 씨의 주장은 고려할 가치가 없다는 것이 본 판사의 결론입니다.

어른에게 들리지 않는 벨소리

사람이 들을 수 있는 소리와 들을 수 없는
소리의 크기는 얼마나 될까요?

휴대전화가 10대들의 필수품처럼 자리 잡으면서
지하철이나 버스는 물론 서점 등 장소를 가리지 않
고 울려 대는 벨소리로 인한 민원이 과학공화국에
넘쳐나고 있었다. 특히 10대들이 좋아하는 노래나 유행어가 벨소
리 소리음으로 제공되면서부터는 더 심해졌다.

　과학공화국 동쪽에 있는 합죽이시 역시 여느 도시와 같은 상황
이었다. 어른들은 10대들의 휴대전화 벨소리 소음이 너무 심해 도
시에서 조용한 곳을 찾을 수가 없을 정도라고 하소연을 했다.

　마침내 합죽이시의 시장이 벨소리에 대한 단호한 조치를 발표했다.

"오늘 이 시간부터는 우리 합죽이시에서 휴대전화 벨소리가 울릴 때마다 남녀노소를 가리지 않고 그 주인에게 벌금을 부과하도록 하겠습니다."

시장의 발표가 있고 나서 합죽이시 시민들은 설마 하는 반응을 보였지만, 최초로 벌금을 낸 사람에 대한 기사가 신문과 텔레비전을 타고 전해지자 너도나도 휴대전화를 진동 모드로 바꿔 사용하기 시작했다.

이렇게 며칠이 지나자 합죽이시에는 휴대전화 벨소리가 사라졌고 벨소리로 인한 민원은 생기지 않았다.

하지만 새로운 문제가 생겨났다. 그동안 벨소리 서비스를 제공하던 수많은 회사들이 문을 닫게 되었고, 거기에서 일하는 사람들이 일자리를 잃어 실업자가 늘어났던 것이다.

벨소리 서비스 회사 중 손꼽혔던 한소리회사 역시 그랬다.

"사장님, 이대로 가다간 우리 한소리사도 곧 망하고 말 것입니다. 뭔가 대책을 세워야 합니다."

한소리회사의 사장과 직원들은 머리를 맞대고 위기에서 빠져나갈 방법을 찾기 시작했다. 그리고 밤낮을 가리지 않고 연구에 연구를 거듭한 덕택에 마침내 획기적인 아이디어를 개발했다. 바로 10대들만 들을 수 있는 벨소리를 찾아낸 것이다.

"사장님, 이 아이디어라면 우리 회사는 끄떡없을 겁니다."

"그래요. 10대들만 들을 수 있고 다른 사람들에게 들리지 않는

다면 소음 공해를 일으킬 문제도 없을 겁니다."

"원래 벨소리 서비스의 주 고객이 10대였으니 이 벨소리를 시장에 내놓는다면 폭발적인 인기를 얻을 게 분명해요!"

"자, 그럼 시장님에게 우리 한소리회사가 개발한 10대들만 들을 수 있는 벨소리를 사용할 수 있게 허용해 달라고 합시다."

한소리회사의 사장은 당장 합죽이시의 시장을 만나 자신들이 개발한 벨소리를 허용해 달라고 요청했다. 그런데 시장은 코웃음을 치며 세상에 그런 벨소리가 어디에 있냐며 당장 돌아가라고 호통을 쳤다. 다음 날부터 한소리회사 사장은 시장을 설득하는 데 도움이 될 직원 몇몇을 데리고 시청을 찾았다. 하지만 시장을 만나는 것조차 쉽지 않았다.

며칠째 문전박대를 당한 한소리회사 사장과 직원들이 결국 물리법정에 이 사건을 의뢰했다.

나이가 들수록 귀의 기능이 약해져서 에너지가
큰 소리를 점점 못 듣게 됩니다. 그래서 15,000헤르츠 이상의
높은 음은 10대들의 귀에만 들립니다.

여기는 물리법정

아이들에게만 들리는 소리가
과연 있을까요?
물리법정에서 알아봅시다.

 재판을 시작합니다. 먼저, 피고 측 변론하세요.

 아이들에게만 들리는 소리라니, 그런 게 어디 있습니까? 이 사건은 휴대전화 벨소리를 팔아먹기 위한 한소리회사의 사기극입니다.

 좀더 설득력 있게 말씀해 주세요.

 소리는 공기의 진동이 귓속의 고막을 떨게 하여 들리는 파동입니다. 그런데 사람이면 누구에게나 있는 고막이 아이들의 경우에는 떨리고 어른들의 경우에는 떨리지 않는다는 것이 가능할까요?

 좀 흥분한 것 같은데, 원고 측 변론하세요.

 소리에 대해 좀 더 알고 이 사건에 접근할 필요가 있을 것 같습니다. 소리맵시연구소의 고아라 소장을 증인으로 요청합니다.

한복을 곱게 차려입은 30대의 여자가 조심스럽게 증인 석에 앉았다.

 고아라 소장님, 연령별로 들리기도 하고 안 들리기도 하는 소

리가 있습니까?

 네, 있습니다.

 어떻게 그런 일이 가능하지요?

 물체의 진동에 의하여 생긴 음파가 귀청을 울리어 귀에 들리는 것을 소리라고 합니다. 그리고 소리는 높은 음과 낮은 음이 있는데, 높은 음은 낮은 음보다 진동수가 큽니다.

 진동수가 크면 다른 점이 있나요?

 진동수가 크면 소리의 에너지가 커집니다. 노래방 가 보셨죠?

 즐겨 가는 편입니다.

 조금 높은 음이 나오는 노래일 경우 어떻게 하십니까?

 저는 '고음불가'로 처리하는데요.

 하하! 일반적으로 높은 음을 내기 위해서는 많은 에너지가 필요합니다.

 그럼 아이들이 어른들보다 에너지가 많다는 말인가요?

 글쎄요. 사람이 들을 수 있는 소리의 진동수는 2만 헤르츠까

 진동수란?

과학자들은 물체가 오르락내리락 하는 것이 얼마나 빠른지를 나타내기 위해서 진동수라는 양을 사용합니다. 진동수는 주파수와 같은 말이지요. 물 알갱이를 예로 들면, 물 알갱이가 1초 동안 앉았다가 일어났다 하는 횟수가 진동수입니다. 그리고 진동수의 단위는 전파를 발견한 물리학자 헤르츠의 이름을 사용하여 Hz(헤르츠)라고 하지요. 그러니까 사람들이 파도 모양을 만들 때, 한 사람이 1초 동안 한 번 앉았다 일어났다 하는 동작을 마치면 이때의 진동수를 1헤르츠라고 부릅니다. 만일 좀더 빠르게 해서 1초 동안 두 번 앉았다 일어났다 하면 2헤르츠라고 하지요.

지입니다. 이것보다 더 높은 진동수의 소리는 사람에게 안 들리는데, 그것을 초음파라고 하지요. 초음파는, 사람은 못 듣지만 개나 박쥐나 돌고래 같은 동물들에게는 들리지요.

그럼 아이들이 초음파를 듣는다는 건가요?

성질이 급하시군요. 그런 말이 아니라 나이가 들수록 귀의 기능이 약해져서 에너지가 큰 소리를 점점 못 듣게 되지요. 그래서 15,000헤르츠 이상의 높은 음은 10대들의 귀에만 들립니다.

그렇군요. 그럼 문제가 해결되었습니다. 한소리 회사는 바로 이런 물리학을 이용해 15,000헤르츠 이상의 높은 음으로 핸드폰 컬러링을 만들어 어른들에게 방해를 주지 않고 아이들이 맘대로 휴대전화를 걸고 받을 수 있는 아이디어를 낸 것입니다. 그러므로 원고 측의 주장을 시에서는 받아들여야 한다고 생각합니다.

판결합니다. 아이들에게만 들리는 벨소리가 있다는 점은 원고 측 증언을 통해 확인되었습니다. 하지만 공공장소에서 울리는 휴대전화 소리가 다른 사람들에게 얼마나 피해를 주는가를 아이들 스스로 깨우쳐야 한다고 생각합니다. 비록 어른들에게는 안 들린다 해도 10대들 사이에 이런 시끄러운 벨소리가 들려오는 것은 소음이 될 수 있으니, 이번 사건은 시에서 결정한 대로 모든 종류의 벨소리가 울리는 것을 금지하는 것으로 판결합니다.

록 음악과 아기

아기의 청력은 정상 성인의 청력과 어떻게 다를까요?

과학공화국에서 맞벌이가 늘어나면서 아이들을 대신 돌봐 주는 유치원이나 어린이집 같은 곳들이 우후죽순 생겨났다.

'당신의 소중한 아이를 보석처럼 돌봐드립니다.'

까꿍아기집도 이런 흐름을 타고 생겨났는데, 유치원이나 어린이집에 갈 수 없을 정도로 어린, 태어난 지 얼마 되지 않은 갓난아기들을 전문적으로 돌봐 주는 곳이었다.

"저희 까꿍아기집은 생후 3개월 미만의 아기들을 돌봐 주는 곳입니다. 온도와 습도는 자동 시스템에 의해 항상 최적의 상태로 유지되고요, 모든 내부 시설은 100퍼센트 멸균 상태입니다. 우유 역시 최고급 유기농 우유를 먹이고 있죠."

까꿍아기집의 최고야 원장이 아기 엄마들에게 자랑스럽게 설명했다.

"모든 것을 아기들을 우선으로 생각하는 저희 까꿍아기집에 여러분의 귀한 아이를 맡겨 주십시오."

아기를 맡기는 사람들이 하나둘 늘어나면서 까꿍아기집은 금세 과학공화국에서 가장 인기가 높은 보육 시설로 꼽히게 되었다.

그래서 까꿍아기집의 최고야 원장이 어디서건 자랑을 늘어놓으며 말했다.

"호호호, 우리 까꿍아기집에 아이를 맡기려는 사람들이 줄을 서다니, 정말이지 밥을 먹지 않아도 배가 부르단 말이야."

어느 날 보모 한 명이 다급한 목소리로 최고야 원장을 찾았다.

"최고야 원장님, 큰일 났습니다. 우리 까꿍아기집 근처에 록 밴드 공연장이 생겼습니다."

"뭐라고요?"

깜짝 놀란 최고야 원장이 당장 록 밴드 공연장으로 달려갔다. 공연장에는 다음 달 열릴 콘서트를 준비하는 한 록 밴드가 연주를 준비하고 있었다.

지징, 지지징.

곧이어 전자 기타 소리가 공연장을 휘감고 뒤흔들기 시작했다.

최고야 원장이 참을 수 없다는 듯이 두 손으로 귀를 막으며 연습 중인 록 밴드에게 다가갔다.

"당신들 연주 소리 때문에 우리 까꿍아기집 아기들의 청력에 문제가 생기면 책임질 건가요? 콘서트를 취소하든지 공연장을 옮기든지 해 주세요!"

최고야 원장의 소리 높인 말에 록 밴드는 난감하다는 대답을 했다. 콘서트 티켓을 이미 다 팔았기 때문에 이제 와서 콘서트를 취소하거나 공연 장소를 옮길 수 없다는 것이었다.

최고야 원장은 공연장이 있는 한 이런 일이 계속되리라는 생각이 들었다.

"그럼 어쩔 수 없군요. 당신들을 고소하겠어요."

결국 까꿍아기집의 최고야 원장은 록 밴드의 연주 소리 때문에 아기들의 청력에 문제가 생길 것이라며 공연장 사장을 고소해 버렸다.

아기는 규칙적인 리듬이 반복되는 소리를 엄마 배 속에서
들은 소리처럼 느낄 수 있어 오히려 울던 아이가
그 소리를 들으면 잘 잘 수 있습니다.

과학공화국
물리법정 4

록 음악은 아기들의 귀에 어떤 영향을
미칠까요?
물리법정에서 알아봅시다.

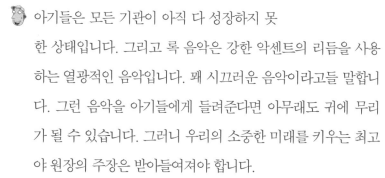

🎩 재판을 시작하겠습니다. 먼저, 원고 측 변론하세요.

😀 아기들은 모든 기관이 아직 다 성장하지 못한 상태입니다. 그리고 록 음악은 강한 악센트의 리듬을 사용하는 열광적인 음악입니다. 꽤 시끄러운 음악이라고들 말합니다. 그런 음악을 아기들에게 들려준다면 아무래도 귀에 무리가 될 수 있습니다. 그러니 우리의 소중한 미래를 키우는 최고야 원장의 주장은 받아들여져야 합니다.

🎩 그러면 피고 측 변론하세요.

😐 저희는 먼저 생활소리연구소의 삑싸리 박사를 증인으로 요청합니다.

깡마른 체구에 돋보기안경을 쓴 30대의 남자가 증인석에 앉았다.

😎 생활소리연구소에서는 구체적으로 무엇을 연구합니까?

🤓 우리 주변 곳곳에서 들을 수 있는 어떤 소리든 우리의 연구

재료가 됩니다. 빨랫방망이 두들기는 소리, 아기 울음소리, 청소기 돌아가는 소리 등 이루 말할 수 없을 정도로 많지요.

🧑 이번 사건에 대한 자료는 검토했습니까?

🤓 네, 충분히 검토했습니다.

🧑 그럼 증인의 의견을 말씀해 주시겠습니까?

🤓 록 음악은 아기들에게 별 영향을 주지 않습니다.

🧑 그건 왜죠?

🤓 3개월 미만의 아이들은 아직 청력이 발달해 있지 않아서 작은 소리를 듣지 못하는 귀, 즉 가는귀가 먹은 것처럼 정상의 성인에게는 소음인 것을 소음이 아닌 것으로 느낄 수 있지요.

🧑 그렇군요. 하지만 록 음악 중에서도 꽤 시끄러운 것도 있는데요.

🤓 아기들은 그런 소리들을 마치 엄마 배 속에서 소리를 듣는 것같이 느낍니다. 그리고 음악이 박자에 따라 어느 정도 규칙적인 리듬이 반복될 때는 오히려 자장가 역할을 할 수 있습니다.

🧑 소는 시끄러운 음악을 들으면 유산이 될 수 있다는데 사실일까요?

사실입니다. 소는 아주 예민한 동물이라 스트레스를 받기 쉽습니다. 그러므로 송아지를 밴 소에게 시끄러운 소리를 들려주면 소가 스트레스를 받아 유산될 수 있습니다. 공항 근처의 소들이 비행기 소리 때문에 유산하는 일이 자주 발생하는 것도 그런 이유에서입니다. 그래서 소가 임신하면 아주 조용한 클래식 음악을 들려주어 소가 스트레스를 받지 않게 하기도 합니다.

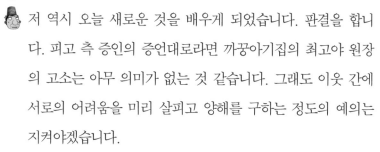 정말 신기하군요.

저 역시 오늘 새로운 것을 배우게 되었습니다. 판결을 합니다. 피고 측 증인의 증언대로라면 까꿍아기집의 최고야 원장의 고소는 아무 의미가 없는 것 같습니다. 그래도 이웃 간에 서로의 어려움을 미리 살피고 양해를 구하는 정도의 예의는 지켜야겠습니다.

더부룩 씨의 소화불량

비행기 소음이 소화불량과 연관이 있을까요?

사건속으로

요즘 더부룩 씨 얼굴에서는 웃음기를 찾아볼 수 없다. 몇 달째 소화불량 증상에 시달리고 있기 때문이다. 아침은 물론 점심이나 저녁 식사를 하고 난 뒤에는 이름처럼 언제나 속이 더부룩해졌다.

"소화불량 증상 때문에 식사 시간이 전혀 기쁘질 않아."

더부룩 씨는 소화불량 때문에 소화제를 먹어 보기도 하고 병원 치료를 받기도 했다. 또 아침저녁으로 운동을 해 보기도 했고, 소화가 잘되는 죽이나 수프로 식단을 바꿔 보기도 했으나 별 신통한 결과를 얻지 못했다.

어느 일요일 점심때였다.

그즈음 바쁜 더부룩 씨 때문에 일요일에도 식구가 한자리에 모여 식사하기 어려웠기 때문에 가족은 즐거운 마음으로 식탁에 모였다.

"자, 모두들 감사의 마음으로 맛있게 먹자꾸나."

그리고 점심 식사를 끝낸 더부룩 씨의 가족은 디저트를 먹으며 TV 앞에 모여 앉았다.

"으, 으……."

더부룩 씨가 얼굴을 찡그리며 배를 쓰다듬었다.

"아빠, 또 소화가 안 돼요? 위가 아픈 거예요?"

더부룩 씨는 오래간만에 한자리에 모여 식사를 하고 기분이 좋아진 식구들의 기분을 망칠까 조심스러웠는지 겨우 한마디 했다.

"응, 그렇구나. 지난달부터 증상이 더 심해진 것 같아. 예전에는 이 정도는 아니었는데 말이야."

아내와 아이들이 걱정스러운 표정으로 더부룩 씨를 바라보았다. 그때 창밖에서 구우웅 하는 비행기 소리가 들렸다.

"어휴, 저 비행기 소리 때문에 텔레비전 소리가 잘 안 들리네. 애야, 소리 좀 크게 해 봐라."

그 순간 더부룩 씨의 머릿속에 섬광처럼 어떤 생각이 스쳐 지나갔다. 자신의 소화불량 증상이 심해진 시기와 동네에 공항이 생긴 시기가 일치한다는 것.

더부룩 씨는 며칠을 더 조사해 보고는 자신의 소화불량 증상이 공항이 생긴 뒤부터 더 심해졌다는 것을 확신하고는 당장 공항의 관계자를 찾았다. 그러고는 공항 측에 비행기 소음으로 인해 자신의 소화불량 증세가 더욱 심해졌으니 어떤 조치를 취해 달라고 요구했다.

공항 측은 더부룩 씨의 민원을 귀찮은 듯이 취급했다. 근처에 사는 다른 사람들은 그런 민원을 하지 않는데 유독 더부룩 씨만 그러느냐는 것이었다. 그러면서 정 시끄러우면 이사를 가지 그러느냐고 쏘아붙였다.

공항 측의 무성의하고 예의 없는 태도에 화가 난 더부룩 씨는 소음과 소화불량의 상관관계에 관한 자료를 근거로 물리법정에 공항 측을 고소했다.

지속적으로 큰 소리를 듣게 되면 청각 손상, 수면 장애,
스트레스 등에 의해 심장병 발병 등이 일어나게 됩니다.

 재판을 시작합니다. 먼저, 피고 측 변론하세요.

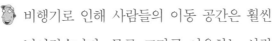

시끄러운 소리를 들으면 우리 몸은
어떻게 반응할까요?
물리법정에서 알아봅시다.

 비행기로 인해 사람들의 이동 공간은 훨씬
넓어졌습니다. 물론 그만큼 이용하는 사람
이 감당해야 하는 측면이 생겨나기도 했지요. 비용이 늘어났
다거나 이용 전에 처리해야 할 것들이 늘어났다거나 하는 것
이죠. 비행장 주변의 소음 역시 그것들 중 하나입니다. 하지
만 비행장처럼 큰 규모의 시설이 설 때에는 정해진 규범이 있
고, 시설을 세운 측에서도 지키고 있는 약속이 있습니다. 그
렇게 여러 사정을 고려해 본다면 공항 측에서 이미 해야 할
것들을 했다고 봐야 합니다.

 이번에는 원고 측의 변론을 들어 보도록 하죠.

 변론을 하기에 앞서 더부룩 씨의 자료를 보충할 필요가 있다
고 봅니다. 소리세기연구소의 시끄러 박사를 증인으로 요청
합니다.

차분한 마스크의 40대 남자가 증인석으로 천천히 걸어 들
어왔다.

증인은 소리의 세기에 대해 잘 알고 있을 테지요. 큰 소리와 사람 몸의 관계에 대해 설명해 주십시오.

큰 소리를 자주 듣는 것으로도 사람의 몸에 나쁜 영향을 미칠 수 있습니다.

그건 왜죠?

큰 소리를 들으면 혈압이 높아지고 그러면 심장마비 위험이 증가합니다. 이것은 스웨덴 카롤린스카 의과대학에서 연구 발표한 내용입니다. 그들은 교통 소음이 심한 지역에 사는 사람들과 한적한 지역에 사는 사람들의 혈압과 심장마비 발생률을 비교 조사하였습니다.

소음이 그렇게 무서운 것이군요. 큰 소리가 주는 또 다른 부작용은 없습니까?

큰 소리는 청각 손상과 수면 장애를 일으키고 스트레스를 유발해 심장병 발생 위험률을 높이지요. 말하자면 사람의 맥박을 빨라지게 하고 심지어는 소화 불량까지 일으킬 수 있습니다.

 카롤린스카 연구소(Karolinska Institutet – KI)

1810년에 설립된 스웨덴의 의과대학 겸 연구 기관으로, 유럽에서 최고의 의료 기관으로 꼽힐 뿐만 아니라, 노벨 의학상 수상자를 KI 교수 50명으로 된 KI 노벨회의(Nobel Assembly at KI)가 선정·수여합니다.

그 정도라면 공항 측에서 뭔가 대책을 세웠어야 했네요. 그렇지요? 판사님, 증언을 참고로 정확한 판결을 부탁드립니다.

물치 변호사의 변론에서 설득력이 부족한 부분은 문명의 이기에 대한 또 다른 면이라고 하겠습니다. 문명의 이기가 발전하면 할수록 그것을 이용하는 우리의 대처는 좀 더 인간적이어야 합니다. 여기서 인간적이라는 의미는 비행장을 설치하는 사람과 그것을 이용하는 사람을 놓고 보았을 때 이용하는 다수의 사람을 먼저 생각해야 한다는 것이죠. 비행장을 설치한 쪽에서 이용할 사람들을 생각해 좀 더 세심한 주의를 기울인다면 결국 더 나은 운용이 가능해집니다. 더부룩 씨처럼 공항 주변에 살면서 비행기 소음으로 고생하는 사람들의 집에 특별한 방음 유리창을 설치해 주는 것도 그중 한 실천이 될 것입니다.

과학공화국
물리법정 4

내 목소리가 아냐!

녹음기에 녹음된 목소리와 일상생활의 목소리는
왜 다를까요?

우기자 씨는 장차 멋진 스포츠 전문 기자가 되는
것이 꿈인 대학생이다. 야구나 농구, 축구, 골프 등
각종 운동 경기와 관련된 기사는 모두 스크랩을 하
고, 경기를 본 다음 자기만의 관전평을 따로 쓰기도 하는 등 스포
츠 기자가 되기 위해 나름대로 열심히 준비를 하고 있었다.

그러던 어느 날, 우기자 씨에게 기회가 찾아왔다.

따르릉.

"네, 여보세요."

"우기자 씨, 저는 스포츠 전문 잡지 '영차'의 편집장입니다. 저희가 이번에 우리나라 육상 기대주로 꼽히고 있는 신기록 군의 인터뷰 기사를 실을 예정인데, 우기자 씨가 맡아 주실 수 있겠습니까?"

"물론이죠. 열심히 하겠습니다."

평소 신기록 군의 열혈 팬이었던 우기자 씨는 뜻밖의 행운에 신이 나 어쩔 줄을 몰랐다. 마음을 가라앉힌 우기자 씨는 신기록 군에 대한 정보를 모은 다음 어떤 질문을 할 것인지 목록을 작성했다. 몇 시간에 걸쳐 꼼꼼하게 질문서를 작성한 우기자 씨는 지갑을 챙겨 들고 전자 상가로 향했다.

'신기록 군과 인터뷰를 하는 역사적인 순간인데, 그 대화를 고스란히 저장해 놔야지. 그러기 위해서 녹음기는 필수야!'

진열대에 가지런히 진열된 수십 가지의 녹음기 중에서 빨간 볼펜처럼 생긴 모델을 고른 우기자 씨는 얼마 전에 받은 아르바이트 급여 모두를 녹음기 값으로 지불했다.

새로 산 녹음기를 소중히 품고 집으로 돌아온 우기자 씨는 시험 삼아 자신의 목소리를 녹음해 들어 보았다. 어라, 이상하다. 우기자 씨는 고개를 갸우뚱거리더니 다시 한 번 자신의 목소리를 녹음해 들어 보았다.

'아무래도 이건 내 목소리가 아닌데…… 기계가 고장 난 게 틀림없어.'

우기자 씨는 전자 상가로 당장 달려가 녹음기가 고장 났으니 환

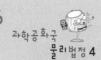

불해 달라고 했다.

판매원이 우기자 씨의 요구에 우선 녹음기의 상태를 살폈다.

"고객님, 이 녹음기를 자세히 살펴봤는데 어떤 곳에서도 잘못된 점을 발견하지 못했습니다."

우기자 씨가 그럴 리가 없다며 다시 한 번 환불을 요구했다.

"그게 무슨 소리예요? 이 녹음기는 사람의 목소리를 제대로 녹음하지 못한다고요. 제대로 된 신기록 군의 목소리를 녹음할 수 있는 녹음기를 구입하고 싶으니까 이 녹음기의 값은 환불해 주세요."

판매원이 우기자 씨의 요구가 터무니없다는 듯이 대꾸했다.

"그런 이유로는 환불해 드릴 수 없습니다."

우기자 씨와 전자 상가 측은 한 치의 양보도 없이 팽팽히 맞섰다. 몇 시간이 지나도 해결될 기미가 보이지 않자 양측은 물리법정에 도움을 요청했다.

녹음된 목소리는 일상생활에서 듣는 소리보다
높은 진동수의 음으로 들리게 됩니다.

과학공화국
물리법정 4

녹음한 목소리를 들으면 평소와
다르게 들리는 이유는 무엇일까요?
물리법정에서 알아봅시다.

재판을 시작합니다. 먼저, 우기자 씨 측 변
론하세요.

녹음이란 테이프나 판 또는 영화 필름 따위
에 소리를 기록하는 것입니다. 이렇게 기록하여 놓으면 언제
든 필요할 때 본래의 소리를 다시 들을 수 있습니다. 그런데
문제는 '본래의 소리'를 듣는다는 데서 이 사건이 발생했습니
다. 녹음 당시의 소리를 그대로 듣기 위해서 산 녹음기가 그
역할을 못한다면 우기자 씨에게 녹음기를 판매한 전자 상가
에서 환불을 해 주어야 옳습니다.

그럼 피고 측 변론하세요.

녹음기의 소리에 대해 더 자세히 알 필요가 있다고 봅니다.
그 설명을 위해 인간소리연구소의 인소리 박사를 증인으로
요청합니다.

노란 양복에 붉은 넥타이를 맨 남자가 증인석으로 천천히
걸어 들어왔다.

👨 인소리 박사님, 우기자 씨는 녹음기에 녹음한 목소리가 실제 듣는 소리와 다르다는 이유로 녹음기 환불을 요구하고 있습니다. 녹음기에 녹음한 목소리가 실제 듣는 소리와 다를 수 있습니까?

👨 다를 수 있습니다. 녹음된 목소리는 실제 듣는 소리보다 높은 진동수의 음으로 들리게 됩니다.

👨 그 말은 우리가 평소에 자신의 목소리를 다르게 듣고 있다는 말인가요?

👨 대화를 할 때 상대방은 내가 하는 말을 녹음기에서 나오는 소리처럼 듣는다는 것이지요.

👨 좀 더 자세히 설명해 주세요.

👨 입에서 나간 소리는 공기를 타고 귀에 도달하는데, 자신이 말한 소리는 공기를 타고 가는 소리뿐 아니라 발성 때 두개골을 진동시켜 직접 내이(內耳, 속귀)에 전해지는 소리도 있습니다. 이 소리가 비교적 낮은 진동수의 소리이기 때문에 본인은 항상 다른 사람이 듣는 것보다 저음으로 듣게 되지요. 하지만 자신의 소리를 녹음하면 두개골을 진동시켜 직접 내이에 전해지는 소리가 저장되지 않으므로 저음 부분이 빠져 고음으로 들리게 되는데, 이것이 바로 자신의 목소리를 다른 사람이 듣는 소리가 되는 거죠.

👨 아하! 그렇군요. 판사님, 판결 부탁드립니다.

증인의 설명에 따르면 우기자 씨가 문제가 있다고 환불을 요구한 녹음기에는 이상이 없습니다. 이런 사건은 과학적 지식이 없어서 생기는 사건의 사례입니다. 과학에 좀 더 관심을 가지도록 합시다.

 소리는 어떻게 전달될까요?

우리는 귀를 통해 소리를 듣습니다. 아름다운 음악에 감동하고 시끄러운 소음에 짜증이 나기도 하지요. 이 모두가 다 소리 때문입니다. 소리는 진동하는 물체에서 파장이 짧은 높은 음과 파장이 긴 낮은 음이 발생하게 됩니다. 이렇게 물체의 진동에 의해 발생한 소리는 파동의 형태를 띠며 공기도 압력이 강한 부분(밀한 부분)과 압력이 약한 부분(소한 부분)이 생기게 되어 전파가 됩니다. 또한 이러한 파동이 압력의 변화에 의해 우리의 귀에 전달되는 것입니다. 소리는 매질을 통해 전달되므로, 물속에서는 소리가 전달되지만 진공에서는 전달되지 않습니다.

역도 선수의 승부를 가른
휴대전화 벨소리

사람의 힘은 소리나 생각에도 민감한 반응을 보일까요?

"네, 이곳은 과학공화국 주체 전국역도대회가 열리
는 실내 운동장입니다. 이제 곧 경기가 시작되겠습
니다. 이번 대회의 우승 트로피를 차지할 주인공은
과연 누가 될지 정말 궁금합니다."

메뚝 아나운서의 중계 시작 인사와 함께 경기를 기대하는 관중
의 함성이 실내 운동장을 가득 메웠다.

두둥.

웅장한 북소리가 울리면서 우람한 체구의 선수들이 입장했다.

"휘리릭. 근육짱, 파이팅!."

여러 선수 중에서 우승 후보 1순위로 꼽히고 있는 근육짱 선수의 인기는 가히 메가톤급이었다. 근육짱은 4년 연속 전국역도대회에서 우승을 거머쥔 선수로, 올해에도 우승을 거둔다면 과학공화국에서 신기록을 수립하게 된다.

드디어 경기가 시작되었다.

80킬로그램의 역기를 드는 첫 경기에서는 한 명의 낙오자도 없이 모든 선수들이 가뿐하게 통과했다.

90킬로그램, 100킬로그램…… 역기의 무게가 더해 가면서 탈락하는 선수가 잇따라 생겨났다.

경기는 열광 속에 진행을 계속했고, 마침내 두 명의 선수만이 남게 되었다.

강력한 우승 후보인 근육짱 선수와 올해 혜성같이 등장한 왕팔뚝 선수가 그 주인공들이었다.

들뜬 목소리의 아나운서가 관중의 호응을 불러일으켰다.

"이제 두 선수 중 150킬로그램의 역기를 들어 올리는 사람이 우승자가 되겠습니다. 만약 두 선수 모두 성공한다면 160킬로그램의 역기로 우승자를 가리게 되겠지요. 자, 근육짱 선수가 먼저 시도하겠습니다!"

평소 170킬로그램의 역기까지 거뜬하게 들어 올렸던 근육짱 선수는 이 정도는 문제도 아니라는 듯 미소를 지으며 역기를 잡았다.

근육짱 선수가 역기를 집어 올리는 순간 실내 운동장은 긴장한

듯 조용해졌다. 그때 관중석에서 시끄러운 휴대전화 벨소리가 울렸다. 예상치 못한 벨소리에 순간적으로 당황했는지 근육짱 선수는 안타깝게도 역기를 떨어뜨렸다. 우승을 놓쳐 버리고 만 것이다.

관중의 놀라움을 그대로 전하듯 아나운서의 목소리가 떨렸다.

"아, 이게 웬일입니까. 이변이 일어났습니다! 근육짱 선수, 실패하고 말았습니다. 이제 왕팔뚝 선수가 150킬로그램 역기를 들어 올린다면, 우승은 왕팔뚝 선수에게 돌아가겠습니다."

전국역도대회가 끝나고 근육짱 선수 측은 벨소리 때문에 역기를 떨어뜨린 것이니 경기를 다시 해야 한다고 주장했다. 그러나 역도협회에서는 재경기란 있을 수 없는 일이라며 단호하게 거절했다.

신기록 수립을 눈앞에서 놓친 근육짱 선수는 결국 시끄러운 벨소리를 울린 휴대전화 주인을 고소하기에 이르렀다.

듣기 좋은 소리를 들으면 신경계가 활성화되어 근육의 힘이
세지지만, 반대로 귀에 거슬리는 소리를 들으면 힘이 약해집니다.

여기는 **물리법정**

휴대전화 소리를 들으면 힘이 빠질까요?
물리법정에서 알아봅시다.

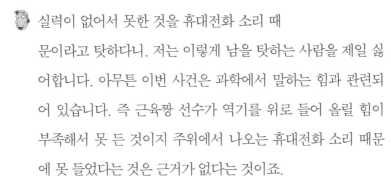

 재판을 시작합니다. 먼저, 피고 측 변론하
세요.

실력이 없어서 못한 것을 휴대전화 소리 때
문이라고 탓하다니. 저는 이렇게 남을 탓하는 사람을 제일 싫
어합니다. 아무튼 이번 사건은 과학에서 말하는 힘과 관련되
어 있습니다. 즉 근육짱 선수가 역기를 위로 들어 올릴 힘이
부족해서 못 든 것이지 주위에서 나오는 휴대전화 소리 때문
에 못 들었다는 것은 근거가 없다는 것이죠.

원고 측, 변론하세요.

휴대폰소리연구소의 퍼져라 소장을 증인으로 요청합니다.

멜빵바지 차림의 덩치 큰 사내가 증인석에 들어왔다.

증인이 하는 일은 무엇입니까?

휴대전화의 소리가 사람들에게 어떤 영향을 미치는지 연구하
고 있습니다.

어떤 영향을 주는데요?

🗿 사람의 힘은 소리나 생각에 민감한 반응을 보입니다.

🗿 그게 무슨 말이죠?

🗿 좋은 일이나 맛있는 것을 생각하면 힘이 세지고 반대로 나쁜 일이나 먹기 싫은 것을 생각하면 힘이 약해지지요.

🗿 그게 믿을 만한 말입니까?

🗿 실험을 해 보겠소.

증인은 방청인 중에서 가냘픈 몸매의 한 여성을 앞으로 나오게 했다. 증인은 그녀에게 먼저 양팔을 벌리고 서라고 한 다음, 좋은 것 또는 맛있는 것을 속으로 생각하라고 했다. 그러고는 판사에게 그녀의 팔을 아래로 당겨 보게 했다.

🗿 끙끙…… 에고, 무슨 힘이 이리도 센 거죠?

🗿 어때요? 그 여자가 꼭 원더우먼 같지요?

🗿 내 생전 이렇게 힘센 여자는 처음 봤소.

🗿 어떻게 이런 일이 일어날 수 있나요?

🗿 이 실험에서 알 수 있듯 사람은 좋은 것이나 맛있는 것을 생각하면 신경계가 활성화되어 근육의 힘이 세집니다.

🗿 그게 휴대전화 소리와 무슨 관계가 있나요?

🗿 소리도 마찬가지입니다. 듣기 좋은 소리를 들으면 신경계가 활성화되어 근육의 힘이 세지지만, 쇠와 쇠가 마찰하는 소리

나 손톱으로 양철을 문지르는 소리 또는 휴대전화 벨소리처럼 귀에 거슬리는 소리를 들으면 힘이 약해지지요.

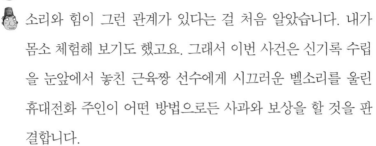

이제 조금 알 것 같습니다. 판사님, 판결을 부탁드립니다.

소리와 힘이 그런 관계가 있다는 걸 처음 알았습니다. 내가 몸소 체험해 보기도 했고요. 그래서 이번 사건은 신기록 수립을 눈앞에서 놓친 근육짱 선수에게 시끄러운 벨소리를 울린 휴대전화 주인이 어떤 방법으로든 사과와 보상을 할 것을 판결합니다.

좀 조용히 해 주세요

소리를 차단하는 방법으로는 무엇이 있을까요?

베스트셀러 작가 송작가 씨는 10년째 같은 아파트에 살고 있었다. 그 아파트는 한적한 시골에 자리 잡고 있어 글쓰기엔 그만이었다. 뿐만 아니라 이웃들도 마음씨가 고와 글 짓는 일 때문에 예민한 송작가 씨를 잘 배려해 주었다.

그러던 어느 날, 송작가 씨의 옆집에 살던 조용희 씨가 이사를 가게 되었다.

이사 가기 전, 송작가 씨에게 작별 인사를 하러 온 조용희 씨가 웃으며 말했다.

"작가 씨, 그동안 제가 시끄럽게 하진 않았는지요?"

송작가 씨가 고개를 저었다.

"시끄럽긴요. 옆에 사람이 살고 있기나 한 건지 의문스러울 정도로 조용했는걸요."

실제로 조용희 씨는 아주 조용했다. 목소리도 나긋나긋할 뿐만 아니라 발걸음도 사뿐거려 마치 깃털 같은 사람이었다.

"그랬다니 다행이네요. 작가 씨, 앞으로도 좋은 글 많이 부탁드립니다."

"네, 용희 씨도 어디 가서든 행복하게 잘 사시길 바랍니다."

조용희 씨가 이사 가고 얼마 동안 송작가 씨의 옆집엔 아무도 이사 오지 않았다. 송작가 씨는 더 조용해진 공간에서 더 많은 글을 쓸 수 있어 즐거웠다.

그러던 어느 날, 옆집에서 오랜만에 사람 소리가 들려왔다.

"이쪽으로! 조금 더! 조금 더!"

"그건 여기 두고! 이건 저기, 저기!"

누군가 그 집으로 이사를 오는 모양이었다.

사람들이 떠드는 소리에 집중을 할 수 없었던 송작가 씨가 글을 쓰다 말고 밖으로 나왔다.

아주 명랑해 보이는 이웃 여자가 송작가 씨에게 인사를 건넸다.

"안녕하세요!"

엉겹결에 송작가 씨가 인사를 받았다.

"네……, 안녕하세요."

이웃 여자가 사람 좋게 계속해서 말을 붙였다.

"저는 오늘 이 집에 이사 오게 된 사람이에요. 옆집에 사시나 보죠?"

송작가 씨가 싫은 표정 없이 대꾸해 주었다.

"네, 그래요."

이웃 여자의 목소리는 귀에 거슬리는 하이 톤이었다.

"아, 역시 그렇구나! 작가라고 하던데, 정말 작가 같은 느낌이 확 풍기는걸요!"

송작가가 마지못해 한마디 했다.

"작가 같은 느낌이라니? 제 이름은 송작가입니다. 성함이……?"

이웃 여자는 송작가 씨의 질문에 답할 생각은 않고 떠들어댔다.

"그럼, 이름이 작가란 말이었나……, 하하! 아무튼 반갑습니다. 잘 부탁드려요! 저희는 신혼부부거든요. 안에 제 남편이 있어요. 여보! 여기 옆집 사시는 분이래. 와서 인사 드려!"

이웃 여자는 집 안으로 고개를 밀어 넣고 자신의 남편인 듯한 사람에게 소리쳤다.

그러나 모든 것이 마음에 들지 않았던 송작가 씨는 이웃 여자의 남편이 집 밖으로 나오기 전에 자기 집으로 들어가 버렸다.

"여기! 어? 어디 가셨지? 방금 전까지만 해도 여기 계셨는데!"

하던 일을 멈추고 나온 남편을 송작가 씨에게 소개해 주려던 여

자는 멈칫 하며 주위를 두리번거렸다. 그러나 이미 집 안으로 들어간 송작가 씨가 그 자리에 보일 리 없었다.

그날부터 송작가 씨에게는 악몽 같은 생활이 시작되었다.

아침 7시.

"여보, 일어나!"

그때부터 그릇 부딪치는 소리와 떠드는 소리 등 일상생활의 소음이 들리기 시작했다.

아침 7시 50분.

"일찍 들어와야 해!"

그러고 나면 청소기 작동하는 소리가 들렸다.

그리고 아침 9시.

커다란 TV 소리가 송작가 씨의 귀를 괴롭히기 시작했다. 옆집 여자가 아침 드라마를 시청하는 시간이었다.

그러고는 잠시 조용해진다. 여자는 잠을 자는 건지 밖에 나간 건지 알 수 없지만 오전 11시부터 오후 2시까지는 쥐죽은 듯했다. 송작가 씨에게 그 시간은 마치 오아시스 같은 시간이었다.

그러나 그 시간이 지나면 다시 생활 소음이 들리기 시작했다. 거의 옆집 부부의 모든 일과를 꿰뚫어 볼 수 있을 정도였다.

"여보 있지, 오늘 드라마에서 치매 걸린 할머니가 집을 나갔는데 자기 집을 못 찾아오는 거야! 역시 영화보단 드라마가 현실적이야. 현실에서 치매는 비참하다니까!"

이웃 여자는 남편의 퇴근과 함께 쫑알대기 시작했다. 정신을 산만하게 만드는 촐랑거리는 말투, 거기에다 귓구멍을 할퀴는 듯한 날카로운 목소리!

송작가 씨의 신경은 날로 날카로워지고 있었다. 심한 날에는 신경안정제를 먹어야 할 정도였다.

송작가 씨에게 최악의 요일은 일요일이었다. 그날은 이웃 여자뿐 아니라 남편의 목소리까지 함께 들렸기 때문이다. 게다가 신혼부부이다 보니 사소한 다툼으로 생기는 부부 싸움도 많은 편이었다.

"악! 제발 그만해!"

송작가 씨는 더 이상 참을 수 없는 지경에 이르렀다. 그는 소음에 지쳐 눈물과 콧물이 뒤범벅된 채 중얼거렸다.

"마감 일이 코앞으로 닥쳐왔단 말이야!"

결국 송작가 씨는 작가 일을 시작하고 처음으로 마감 일을 지키지 못했다.

송작가 씨는 이웃에 사는 신혼부부가 얄미웠지만 고민 끝에 근본적인 원인을 찾아보고는 방음이 되지 않는 아파트를 지은 건축주를 물리법정에 고소했다.

진공은 아무 물질도 없으므로 소리가 전달되지 않습니다.
따라서 아파트의 두 집 사이의 벽을 이중으로 만들고
이중 벽 사이를 진공으로 만들면 소음을 줄일 수 있습니다.

여기는 **물리법정**

방음이란 무엇일까요?
물리법정에서 알아봅시다.

 재판을 시작합니다. 먼저, 피고 측 변론하
세요.

 송작가 씨가 문제 삼은 것은 집중을 해서
글을 쓸 수 없는 상황입니다. 그런데 이 집중력은 너무 조용
한 때보다 약간의 생활 소음이 있을 때 높다는 연구 보고도
있습니다. 그리고 여러 가구가 함께 사는 공동 주택이라면 어
쩔 수 없이 약간의 소음에 시달릴 수밖에 없습니다. 송작가
씨가 너무 예민하게 반응하는 게 아닐까요?

 그런 연구 결과도 있었군요. 원고 측, 변론해 주세요.

 물치 변호사가 언급한 소음은 '백색 소음'이라고 부릅니다.
하지만 그 소음은 이웃에서 싸우는 소리가 아니라 물이 흐르
는 소리나 바람 소리 같은 것들입니다. 그리고 지적한 대로
공동 주택에서 어느 정도의 소음이 옆집으로 전해지는 것이
어쩔 수 없는 일이긴 하지만, 이번 경우는 조금 다른 것 같습
니다. 방음연구소의 이방음 씨를 증인으로 요청합니다.

20대 후반의 남자가 헤드셋으로 음악을 들으면서 증인

석으로 걸어 들어왔다.

여긴 법정입니다. 음악을 꺼 주시죠?

어차피 다른 사람들에게는 안 들리잖아요?

하지만 집중이 안 돼요.

그럼 벗죠, 뭐. 그까이꺼.

좋아요. 이방음 씨가 이번에 문제 된 아파트의 방음 시설을 조사했다고 들었습니다.

네, 어제 마쳤습니다.

어떤 결론이 나왔나요?

방음을 위한 장치가 하나도 되어 있지 않았습니다.

어떤 장치를 말하는 거죠?

방음이란 소리가 퍼져 나가는 것을 막는 것입니다.

어떻게 막죠?

소리는 공기를 통해 전달되지요? 그러니까 공기를 없애면 됩니다.

그게 무슨 말이죠?

두 집 사이의 벽을 이중으로 만들고 이중벽 사이를 진공으로 만들면 되는 거죠. 진공은 아무 물질도 없으니까 소리가 전달되지 않아요. 그러니까 아주 조용한 집이 되지요.

아파트에 이중창을 설치하는 것도 그런 이유에서이겠군요.

비슷하긴 하지만 이중창 사이는 진공으로 하지 않지요. 대신 창 사이의 공기가 어떤 단단한 물질보다 소리를 전달하는 속도가 느리니까 그 효과를 볼 수 있는 거죠.

진공 말고 다른 방법은 없나요?

소리를 잘 흡수하는 흡음재를 벽과 벽 사이에 설치하면 됩니다.

흡음재로는 어떤 게 있죠?

아트론을 씁니다.

그게 뭐죠?

폴리에스테르를 소재로 한 견면(누에가 고치를 만들 때, 고치 겉면을 둘러쌀 솜 층으로 토하여 놓는 물질) 형태의 내장용 단열, 흡음재입니다. 기존에 사용한 유리섬유나 암면(암석 섬유)에 비해 취급이 쉽고 안전한 환경 친화적 신소재입니다. 우레탄폼이나 스티로폼보다 훨씬 흡음 효과가 큽니다.

그럼 이번 송작가 씨의 아파트에는 흡음재가 설치되어 있던가요?

전혀 발견하지 못했습니다.

그건 이 아파트가 공간만 나눠져 있을 뿐 소리를 들을 수 있는 정도에서는 거의 한 방이나 마찬가지라는 말이군요.

그렇게 볼 수 있습니다.

저런……, 자기가 살 집이 아니라고 그런 식으로 집을 짓다니. 건축주를 함무라비 법전에 규정되어 있다는 탈리오 법칙

에 따라 판결하겠습니다.

 탈리오 법칙이 뭐죠?

 피해자가 입은 피해와 같은 정도의 손해를 가해자에게 가한 다는 것이죠. 말하자면, '이에는 이, 눈에는 눈'이라는 복수법 이요. 이번에 문제가 된 아파트 건설 회사는 건물을 다시 짓 거나 아니면 자신들이 지금껏 지었던 아파트에서 평생을 살 면서 이웃에서 나는 소리의 공해를 느끼면서 살 것을 판결합 니다.

 소리를 막는 방법에는 무엇이 있을까요?

첫째, 소리를 내는 소음 원인을 제거하는 방법이 있습니다. 소리가 적게 나는 기계를 개발한다든지 공기의 소용돌이 현상을 줄이는 방법 등이 있습니다.

둘째, 방음벽과 방음림과 같이 소리의 반사와 투과를 줄이는 방법이 있죠.

셋째, 이중창과 이중문과 같이 아예 소리가 투과되지 않도록 막아 버리는 방법도 있습니다.

소음과 음악

소리는 목구멍의 성대를 떨게 하여 주위의 공기들을 떨게 하고 그 떨림이 공기를 통해 퍼져 나가는 현상입니다. 그럼 어떤 원리로 우리 귀에 들릴까요? 공기의 떨림이 귓속의 고막을 떨게 하는 과정입니다.

그럼 왜 미닫이문을 밀면 '끼익' 하고 듣기 싫은 소리가 나는 걸까요? 이것은 문과 바닥 사이의 마찰이 클 때 나는 소리입니다. 마찰은 움직임을 방해합니다. 그러니까 문이 움직일 때 가지고 있던 에너지가 마찰 때문에 줄어들고 그 줄어든 에너지는 다른 종류의 에너지로 변하는 것이죠. 주로 열이나 소리 같은 걸로 변합니다. 그래서 소리가 나는 것이죠. 그리고 마찰이 클수록 빼앗기는 에너지가 많으니까 더 큰 소리가 납니다. 이런 소리는 불규칙한 진동수를 가지고 있어서 소음으로 들리는 것입니다.

사람이 소음을 많이 들으면 어떻게 될까요?

소음은 꼭 큰 소리만을 의미하지는 않습니다. 소리가 작더라도 듣는 사람이 불쾌감을 느끼면 바로 소음입니다. 이런 소음을 계속 듣게 되면 잠을 못 자고 소화가 잘 안 되고 맥박과 혈압이 올라가서 건강에 좋지 않습니다.

그럼 악기가 연주될 때 나는 소리는 소음일까요? 아닙니다. 악기는 사람의 귀에 좋은 소리를 내는 장치입니다. 사람의 귀에 듣기 좋은 소리들로 이루어진 것이 바로 음악인 것이죠. 음악은 음높이가 다른 음들로 만들어집니다. 음의 종류는 일곱 가지로, 이것을 계이름이라고 합니다. '도, 레, 미, 파, 솔, 라, 시'가 바로 그것입니다. 도는 1초 동안 공기를 264번 떨게 만듭니다. 이렇게 1초 동안 공기가 떨리는 횟수를 진동수라고 합니다. 그리고 그 단위는 'Hz'라고 쓰고 '헤르츠'라고 읽습니다.

도 음의 진동수는 264Hz이고, 레 음은 진동수가 297Hz로 도 음보다 떨림이 많습니다. 소리는 공기의 떨림이 귀로 전해지는 것으로 공기들이 빨리 떨수록 높은 음이 만들어집니다. 그리고 공기를 빨리 떨게 하려면 더 큰 에너지가 필요하므로 레 음을 내려면 도 음보다 더 큰 에너지가 필요합니다.

그 밖에 미는 1초에 330번, 파는 352번, 솔은 396번, 라는 440번, 시는 495번 공기를 떨게 합니다. 시 음 다음에는 다시 높은 도. 높은 도 음은 낮은 도 음의 두 배로 공기가 빠르게 떨게 나는 음입니다. 즉 1초에 528번 공기를 떨게 합니다. 이런 식으로 높은 레, 높은 미, 높은 파…… 얼마든지 만들 수 있습니다.

귀뚜라미 소리가 휴대전화로는 들리지 않는 이유가 뭘까요?

휴대전화는 사람들의 통화 목소리만을 들을 수 있도록 진동수 3,300Hz 이하의 소리들만 들을 수 있게 되어 있습니다. 그런데 귀뚜라미 소리는 진동수가 6,500Hz 이상의 고주파음이므로 휴대전화로는 들을 수 없습니다.

10대들에게만 들리는 소리가 있다는데 사실일까요?

사실입니다. 사람은 2만Hz까지의 소리를 들을 수 있습니다. 하지만 나이가 들수록 듣는 능력이 약해져 점점 높은 진동수의 소리를 듣지 못하게 됩니다. 그러므로 20대 이상은 18,000Hz 이상의 소리를 듣지 못하게 되므로 이 소리는 10대들의 귀에만 들립니다.

악기에 관한 사건

물 컵 악기

물 컵으로 정말 악기를 만들 수 있을까요?

송글라스 씨는 3대째 이어져 내려오는 '월드컵' 가게를 운영하고 있다. 월드컵 가게에서 만들어지는 컵들은 모두 실용적이고 튼튼하기 때문에 억척스런 아줌마들의 인기를 한 몸에 받았다. 뿐만 아니라 주변의 음식점, 카페 등에서도 잘 깨어지지 않는 월드컵의 컵만 사용하려고 해 월드컵 가게의 문지방은 닳아 없어질 지경이었다.

점심 식사를 하고 나른해질 시간, 옆에서 '쿵따리악기' 가게를 운영하고 있는 사박자 씨가 월드컵 가게에 들렀다.

"이봐, 송씨! 이제 그만 좀 쉬지 그래?"

송글라스 씨가 사박자 씨를 반갑게 맞이했다.

"어, 사 사장 왔나?"

송글라스 씨는 사박자 씨에게 커피를 대접하기 위해 컵 만들던 일을 잠시 멈추고 부엌으로 갔다.

사박자 씨의 가게에는 요즘 똥파리, 초파리, 날파리가 잔치를 벌이고 있었다. 갑자기 불어 닥친 음반 시장의 침체로 악기까지 팔리지 않았기 때문이다.

사박자 씨가 송글라스 씨의 가게를 살펴보며 새로운 사업을 구상하기 시작했다.

"이 가게의 컵은 디자인도 색깔도 별론데 말이지……."

사박자 씨는 월드컵 가게에 진열되어 있는 컵을 하나씩 집어 들고는 요리조리 살펴보며 구시렁거렸다. 그러던 그가 갑자기 무릎을 '탁!' 치더니 자리를 박차고 일어나 자신의 가게로 달려갔다.

"어, 어! 이보게! 사 사장!"

부엌에서 커피잔을 들고 나오던 송글라스 씨가 사박자 씨를 부르며 소리쳤다. 그러나 사박자 씨는 이미 자신의 가게로 쏙 들어가 버린 뒤였다.

"사람 참……."

송글라스 씨는 사박자 씨를 위해 준비한 커피 잔을 들고 자리에 앉았다. 하루 종일 쉴 새 없이 일해 고단했던 그는, 사박자 씨 덕에 찾아든 휴식을 기분 좋게 즐기기로 했다.

송글라스 씨가 커피를 젓기 위해 티스푼을 들었다. 그런데 너무 열심히 일한 탓인지 손에 힘이 풀려 그만 티스푼을 놓치고 말았다. 송글라스 씨의 손에서 떨어진 티스푼은 커피 잔을 부딪치며 땅으로 떨어졌다.

땡.

티스푼과 커피 잔은 서로 부딪치며 아주 맑은 소리를 냈다. 송글라스 씨는 티스푼과 커피 잔이 내는 아름다운 음색에 매료되어 한참 동안이나 멍하니 커피 잔을 내려다보았다.

잠시 후 송글라스 씨가 가게에 진열되어 있는 컵 5개를 꺼내 그 안에 물을 담고 티스푼으로 쳐 보았다. 역시 그 컵들은 송글라스 씨를 실망시키지 않고 아름다운 소리를 들려주었다. 그런데 특이한 점은 5개의 컵들이 각기 다른 음을 내고 있다는 것이었다. 송글라스 씨는 무엇인가 머리에 번뜩이는 것을 느끼고 당장 작업실로 돌아갔다.

일주일 뒤, 송글라스 씨의 가게 옆에 '쭈글이 컵'이라는 가게가 신장개업했다. 쭈글이 컵 가게의 사장은 다름 아닌 사박자 씨였다.

경쟁 가게의 사장이 사박자 씨라는 것을 알게 된 송글라스 씨는 사박사 씨네 가게로 찾아갔다. 그곳에는 송글라스 씨의 가게에서 볼 수 없는 희귀한 컵들이 많이 진열되어 있었다. 토끼, 호랑이 등의 동물 모양 컵은 물론이고, 자동차, 비행기, 동전, 나무 등 다양한 모양의 컵들이 그 자태를 뽐내고 있었다. 모양뿐만 아니라 크기

도 다양하고 색깔도 화려해 지나가는 행인의 발목을 잡아끌기에
충분했다.

송글라스 씨는 평소 친분 있게 지내던 사박자 씨의 신사적이지
못한 행동에 화가 났다.

"아니, 사 사장! 어떻게 이럴 수가 있나? 우리 컵 가게 바로 옆에
또 새로운 컵 가게를 열다니 말이야!"

사박자 씨가 송글라스 씨에게 별로 미안해하는 기색도 없이 한
마디 했다.

"송 사장, 진정하게! 나도 자네에게 피해를 입힐까 봐 다른 장소
를 알아봤네. 하지만 여기가 장사하기에 가장 좋은 곳이니 어쩌나.
이해하게!"

그렇게 말한 사박자 씨가 휙 돌아서서는 가게로 들어가 버렸다.

그날 이후, 사박자 씨의 쿵따리악기점에서 잔치를 벌이던 똥파
리, 초파리, 날파리들이 송글라스 씨의 월드컵 가게로 옮겨 왔다.
반면, 사박자 씨의 쭈글이 컵 가게에는 튼튼하고 예쁜 컵을 찾는
사람들로 발 디딜 틈이 없었다.

월드컵 가게의 컵에는 빛이 사라지고 뿌연 먼지만 쌓여 갔다. 자
식 같은 컵들을 바라보며 눈물만 흘리던 송글라스 씨는 이대로 무
너질 수 없다 생각하며 자리를 박차고 일어났다.

"그래, 이대로 무너질 순 없어! 나는 문제없어!"

송글라스 씨가 이렇게 하늘을 향해 크게 두 팔을 벌리며 소리를

지르자, 그 소리에 컵들이 진동했다.

"그걸 어디 두었더라……."

작업실로 들어간 송글라스 씨는 땅속에 파묻은 도토리를 찾는 다람쥐처럼 구석구석을 뒤지기 시작했다.

"찾았다!"

송글라스 씨가 꺼내 든 것은 은쟁반 위에 다섯 개의 컵과 하나의 젓가락이 올려져 있는 것이었다.

"그래! 이거면 충분해!"

그날 이후, 송글라스 씨는 작업실에서 나올 생각을 하지 않았다. 월드컵 가게의 입구에는 '폐점'이라는 종이 딱지가 처량하게 휘날리고 있었다.

사박자 씨가 월드컵 가게를 쳐다보며 혀끝을 찼다.

"쯧쯧, 이런 어리석은 친구를 봤나! 요즘은 무한 경쟁 시대라고! 계속 새로운 걸 만들고 바꾸어 나가야지, 옛날 것 그대로의 컵을 가지고 무슨 장사를 하겠다고…… 자네가 망한 건 내 탓이 아닐세. 구시대적인 발상에 사로잡혀 옛것만 고집한 자네 잘못이지!"

사박자 씨는 애써 자신을 두둔하며 쭈글이 컵 가게로 돌아갔다. 쭈글이 컵 가게는 날로 번창해 전국 체인점 오픈을 눈앞에 두고 있었다.

그러던 어느 날, 내내 작업실에 갇혀 있던 송글라스 씨가 네안데르탈인의 모습을 하고 밖으로 나왔다. 그의 손에는 은쟁반이 들려 있었고, 그 위에는 다섯 개의 컵이 놓여 있었다.

송글라스 씨가 눈에 눈물이 맺힌 채 소리 질렀다.

"드디어 완성이다!"

사람들은 드디어 송글라스 씨가 미친 것이라 생각했다. 그러나 송글라스 씨는 미친 것이 아니었다. 그는 단지 희망, 용기, 포부에 가득 차 있을 뿐이었다.

송글라스 씨는 당장 월드컵 가게의 먼지를 털어 내는 청소부터 시작했다. 얼마 후, 가게는 리모델링한 가게처럼 깨끗하고 화사해 졌다. 그는 진열대의 모든 컵을 깨뜨려 쓰레기 봉지에 담았다. 그러고는 진열대 위에 새로운 컵들을 올려놓기 시작했다. 그 컵들은 모두 적게는 5개, 많게는 15개가 세트를 이루고 있었다.

송글라스 씨가 마지막으로 월드컵 가게의 간판을 떼어 냈다. 그리고 '요정의 노래'라는 새로운 간판을 달았다.

"요정의 노래?"

송글라스 씨 가게의 새로운 간판을 본 사람들이 호기심에 송글라스 씨 가게로 발걸음을 돌렸다.

송글라스 씨의 가게로 들어가자 그곳에는 컵이 아니라 정말 요정의 노래가 진열되어 있었다. 모든 세트의 컵에는 각기 다른 양의 물이 채워져 있었는데 옆에 놓인 쇠막대기로 컵을 치자 아주 맑고 아름다운 요정의 노랫소리가 흘러나왔다.

"엄마, 나 저거, 저거!"

꼬마 아이들은 엄마의 치마 끝에 매달려 요정의 노래를 사 달라고 난리였다. 어른들도 요정의 노래를 한번 듣고 나면 사지 않고 못 배겼다.

가게 새 단장 하루 만에 요정의 노래에 대한 소문은 전국으로 퍼져 나갔다. 사람들은 요정의 노래라는 컵 세트에 끼워져 있는 설명서대로 컵을 두드리면 원하는 음악을 연주할 수 있었다.

이 소식을 전해 들은 사박자 씨는 알 수 없는 복통에 시달렸다. 월드컵 가게에서 놀던 똥파리, 초파리, 날파리들이 이제 다시 사박자 씨의 쭈글이 컵 가게로 옮겨왔기 때문이다. 전국 체인점 오픈은 이미 물 건너 간 지 오래였다. 사박자 씨는 그대로 있다가는 심한 복통에 생명을 잃을 것 같은 위협이 느껴졌다.

사박자 씨는 당장 악기 협회로 달려가 송글라스 씨의 가게를 고발했다. 악기가 아닌 것을 악기라 속여 팔고 있다는 이유에서였다. 악기 협회는 사박자 씨의 말을 받아들여 송글라스 씨를 물리법정에 고소했다.

컵을 때리면 컵이 진동하면서 주위의 공기를 진동시켜 소리가 납니다.
그리고 물 컵에 담긴 물의 양이 많을수록 공기가 천천히 진동합니다.
진동수가 작으므로 낮은 음이 만들어집니다.

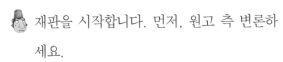
물 컵이 악기 역할을 할 수 있을까요?
물리법정에서 알아봅시다.

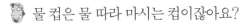 재판을 시작합니다. 먼저, 원고 측 변론하

세요.

 물 컵은 물 따라 마시는 컵이잖아요?

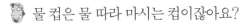 물론이죠.

 그런데 그게 어떻게 악기가 될 수 있죠? 이건 말도 안 돼요.

모름지기 악기란…….

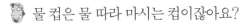 왜 말하다 말죠?

 악기의 정의를 모르겠어요.

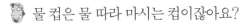 공부나 더 하세요. 그럼 피고 측 변론하세요.

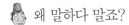 증인으로 관악기연구소의 이관악 박사를 요청합니다.

호리호리한 남자가 증인석으로 천천히 걸어가 앉았다.

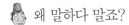 시간 관계상 본론으로 들어가겠습니다. 물 컵이 악기가 될 수

있습니까?

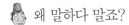 물론입니다.

 어떻게요?

소리는 파동이라는 것을 알고 있죠?

물론입니다. 음파라고 부르지요.

맞습니다. 소리는 공기를 진동시켜 만드는 파동입니다. 우리가 물에 돌을 던지면 물 알갱이들의 진동이 계속해서 옆으로 퍼져 나가 동그란 물결 파동을 만들 듯이…… 소리도 한곳에서 공기가 진동을 하면 그 진동이 옆으로 퍼져서 사람의 귓속에 있는 고막을 흔드는 것이죠.

그 설명과 물 컵이 악기가 된다는 것은 어떤 관련이 있습니까?

우선 소리라는 파동의 진동수를 알아야 합니다. 1초 동안 진동하는 횟수를 진동수라고 하는데, 그것은 공기가 얼마나 빠르게 오두방정을 떠는가를 나타내는 값입니다. 아주 방정맞으면 진동수가 크고 점잖으면 진동수가 작지요.

재미있군요. 그럼 어떻게 물 컵으로 소리를 내는 거죠?

컵을 때리면 컵이 진동하면서 주위의 공기를 진동하게 하지요. 그래서 소리가 나는 것입니다.

서로 다른 소리를 내는 까닭은 무엇입니까?

그것은 물 컵에 담긴 물의 양과 관계있습니다. 물 컵에 담긴 물의 양이 많을수록 공기가 천천히 진동합니다. 그러니까 진동수가 작은 소리인 낮은 음이 만들어지겠죠.

물을 더 적게 채우면 높은 음이 만들어지겠군요?

당연하죠. 그래서 물 컵 악기는 높은 음과 낮은 음을 낼 수 있습니다.

그런데 왜 물이 많으면 공기의 진동수도 작아지나요?

가득 찬 물이 공기의 진동을 방해하기 때문이지요. 이 방해 공작 때문에 공기가 천천히 진동해 낮은 소리가 나옵니다.

판사님, 그러면 송글라스 씨의 물 컵 악기는 악기가 맞죠?

물론입니다. 나도 오늘 당장 집에 가서 8개의 컵에 다른 높이로 물을 채우고서 연주를 해 봐야겠어요. 요즘 아내를 위한 이벤트에 너무 신경 쓰지 않은 것 같아서 말이에요. 아무튼 송글라스 씨의 물 컵 악기는 악기의 일종임을 판결합니다.

 사람의 목소리는 관악기의 원리와 같을까요?

그렇습니다. 사람의 목소리는 성대가 울려 만들어집니다. 성대는 관 모양인데 어릴 때는 성대가 가늘어 높은 음이 나오고, 변성기가 지나면 성대가 굵어져 낮은 음이 나오게 됩니다.

고무줄 바이올린

생활용품으로 음악을 연주할 방법이 있을까요?

사건속으로

바이올렛은 올해로 여섯 살이 되었다. 그녀는 바이올렛의 엄마가 임신 중일 때부터 음악에 남다른 재능을 보였다. 엄마의 배 속에 있던 바이올렛이 음악 소리에 민감하게 반응했기 때문이다. 하루는 아빠가 베토벤의 〈운명〉을 들려주었는데 바이올렛이 그 음악의 박자에 맞춰 엄마의 배를 걷어찼다. 특히 웅장하게 들리는 '두두두둥! 두두두둥!' 하는 부분에서는 엄마가 고통스러워 쓰러질 만큼 강하게 발길질을 해 댔다.

"여보! 제발 음악 좀 꺼요!"

엄마는 바이올렛의 발길질이 너무 열정적이라 아빠에게 음악을 꺼 줄 것을 간청하곤 했다. 바이올렛은 소리의 강약과 길고 짧음을 다 감지하고 있는 듯했다. 그래서 엄마는 그날 이후, 유키 구라모토의 〈로망스〉와 같이 잔잔한 음악을 즐겨 들어야 할 정도였다.

바이올렛이 태어나던 날, 의사와 간호사는 그녀에게서 눈을 떼지 못했다고 한다. 보통 아이들 같으면 '응애' 하고 울 텐데 바이올렛은 그렇지 않았다. 바이올렛은 성악가들이 발성 연습을 하는 것처럼 '아아아아아' 하고 울며 태어났던 것이다.

바이올렛의 남다름은 여기서 그치지 않았다. 바이올렛이 아장아장 걸으며 집 안을 돌아다닐 수 있게 되자, 그날 이후 그녀의 집에는 바지 고무줄이 남아나질 않았다. 빨래 건조대에 팬티며 고무줄 바지를 널어 놓으면 바이올렛이 모조리 끊어 버렸기 때문이다.

그런데 놀라운 것은 세 살짜리 바이올렛이 그 고무줄들을 끊는 손길이 예사롭지 않았다는 것이다. 고무줄을 한번 '탕!' 튕기는 모양은 황진이도 울고 갈 정도로 우아했고, 고무줄이 바이올렛의 손에 의해 끊어지는 소리는 맑고 청아했다.

이런 바이올렛의 재능은 장님도 알아챌 정도였다. 바이올렛이 훌륭한 현악기 연주자가 될 것이라고 확신한 엄마는 바이올렛을 꼭 멋진 현악기 연주자로 키우리라 다짐했다.

그러나 바이올렛의 집은 엄마 아빠가 매일 굶주려 배와 등이 딱 달라붙을 만큼 가난했다. 엄마와 아빠는 자신들이 굶더라도 바이

올렛은 먹여야 한다는 생각에 먹을 것이 있으면 모두 바이올렛에게 가져다주었다. 그래서 바이올렛은 지금까지 배를 굶주린 적이 없었다. 이런 상황에서 바이올린과 같은 악기는 꿈에서도 상상하기 힘든 물건이었다.

엄마가 귀가한 아빠를 붙들고 물었다.

"여보, 어떻게 됐어요?"

아빠는 대답 대신 힘없이 고개를 가로저었다.

엄마의 눈에 눈물이 맺혔다.

"어쩌지……"

아빠가 엄마의 짧은 머리를 어루만져 주었다. 아빠의 눈에서도 반짝이는 무언가가 뺨을 타고 주르륵 흘러내렸다.

오늘 엄마는 바이올렛에게 바이올린을 사 주기 위해 길러 온 머리카락을 잘랐던 것이다. 그러나 그 돈은 바이올린을 사기에 턱없이 부족했다.

아무것도 모르는 천방지축 바이올렛이 신문지 접기를 하며 깔깔댔다.

"엄마, 아빠! 내가 만든 바이올린! 헤헤."

바이올렛은 신문지를 바이올린 모양으로 접어 엄마 아빠의 마음을 더욱 아프게 만들었다.

그때 아빠가 바이올렛이 들고 있는 신문에서 '바이올린 싸게' 란 글귀를 발견했다. 아빠가 바이올렛의 손에서 신문지 바이올린을 뻿어 그것을 펼치기 시작했다.

신문지 바이올린을 뺏긴 바이올렛이 주저앉아 발을 비벼 대며 울기 시작했다.

"으앙, 아빠 뭐하는 거야! 미워!"

엄마가 주저앉아 있는 바이올렛을 달래며 아빠를 올려다보았다.

"여보! 왜 그러세요?"

아빠의 얼굴에는 해바라기 같은 웃음이 번지고 있었다.

"여보! 바이올렛에게 바이올린을 선물할 수 있겠어!"

아빠의 목소리에는 들뜬 기쁨이 묻어 있었다.

엄마가 깜짝 놀라며 자리에서 일어섰다.

"네? 그게 정말이에요?"

바이올렛도 울음을 뚝 그치고 아빠 얼굴을 뚫어지게 쳐다봤다.

"여기 좀 봐! 바이올린을 3,000달란에 팔겠다잖아! 이 정도 가격이면 당신의 머리카락을 자른 돈으로 바이올린도 사고 바이올렛에게 먹일 음식도 조금 살 수 있겠어!"

아빠는 엄마 앞으로 신문지 조각을 내밀었다. 신문에는 정말로 바이올린을 3,000달란에 판매한다고 적혀 있었다.

꿈은 이루어집니다.
꿈의 바이올린, 꿈의 가격 3,000달란!

신문 기사를 확인한 엄마가 눈물을 글썽이며 말했다.

"하늘이 무너져도 솟아날 구멍은 있다더니! 흑, 바이올렛은 역시 천부적인 재능을 타고난 아이예요. 하늘도 바이올렛을 돕고 있다고요!"

엄마는 감격에 북받쳐 두 손 모아 기도하듯 천장을 바라보았다. 바이올렛은 자기 바이올린이 생긴다는 말에 집 안을 방방 뛰어다니며 콧노래를 불렀다.

바이올렛 가족은 동전 두 개를 들고 밖으로 나갈 채비를 했다. 왜냐하면 바이올렛의 집은 너무 가난해 전화기가 없었기 때문이다.

바이올렛 가족이 집 앞 공중전화 부스를 찾았다. 그러고는 아빠가 수화기를 들고 신문 조각에 적혀 있던 전화번호를 하나하나씩 누르기 시작했다.

"7, 3, 9……."

전화기의 버튼 소리와 함께 엄마와 바이올렛의 침 넘기는 소리가 겹쳐 들렸다.

뚜르르, 뚜르르.

드디어 신호음이 들렸다.

"네, 꿈의 바이올린입니다."

아빠가 흠칫 놀라며 수화기에 입을 바짝 갖다 댔다.

"아…… 안녕하십니까! 바이올린을 구입하려고 하는데요!"

상대방이 대답했다.

"네네, 바이올린 말씀입니까? 가격은 3,000달란으로 입금 다음 날 바로 배송해 드립니다."

아빠가 주저하듯 물었다.

"그런데 혹시나 해서 묻는 건데…… 그 바이올린 말이죠, 영 쓸 수 없는 그런 물건은 아니겠죠?"

상대방이 대답했다.

"네, 물론입니다. 저희는 비싼 바이올린을 구입하지 못해 바이올리니스트의 길을 포기하는 분들을 위해 이 제품을 판매하게 되었습니다. 그런 걱정은 하지 않으셔도 됩니다."

아빠가 안심 된다는 듯이 말했다.

"하하, 그렇겠죠? 그럼 저희 집은 드럼시 피아노동 1219번지입니다. 돈은 지금 바로 입금시키겠습니다."

아빠가 통화를 끝내고 기분 좋게 수화기를 내려놓았다. 동전을 두 개 들고 나왔는데 동전 하나로 통화를 끝내 더욱 기분 좋은 통화였다.

바이올렛의 가족은 집에 돌아가면서 첼로은행에 들러 3,000달란을 입금시키고 집으로 돌아왔다.

그날 밤, 바이올렛은 바이올리니스트가 되어 무대 위에서 공연하는 꿈을 꾸었다. 마음은 정말 멋지게 연주하고 싶은데 바이올린이 자꾸 손에서 미끄러져 나가는 이상한 꿈이었다.

다음 날 아침, 바이올렛은 꿈자리가 뒤숭숭해서였는지, 바이올

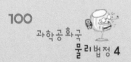

린이 배달된다는 사실에 들떠서였는지 평소보다 일찍 일어났다.

엄마가 바이올렛에게 다가와 이마에 키스하며 물었다.

"바이올렛, 왜 벌써 일어났니?"

바이올렛이 눈을 반짝이며 바이올린을 찾았다.

"엄마, 바이올린은?"

엄마가 바이올렛의 머리를 쓸어 올려 주었다.

"바이올린은 조금 있다 배달될 거야."

그때였다.

띵동.

식구 모두가 기다리던 초인종 소리가 온 집 안에 은은하게 울려 퍼졌다.

"와! 바이올린이다!"

바이올렛이 이불을 걷어차며 잠옷 바람으로 뛰쳐나갔다.

바이올렛의 말대로 바이올린이 배달되었다. 집 앞에 듬직한 박스 하나가 놓여 있었다.

바이올렛 가족은 집 앞에 놓인 박스를 방으로 가지고 들어와 개봉식을 거행했다.

먼저 아빠가 입으로 드럼을 쳐 주었다.

"두구두구두구!"

바이올렛은 두근거리는 마음으로 박스의 포장을 뜯었다.

그런데 이게 웬일인가! 갈색의 우아하고 반짝이는 바이올린을 기대했건만, 박스 안에는 길이가 다른 자 묶음 하나만 달랑 들어 있었다. 자에는 고무줄 하나씩이 달려 있었고, 그 위에는 '꿈의 바이올린'이란 글씨가 선명하게 새겨져 있었다. 그 이름으로 보아서는 잘못 배달된 물건은 아닌 듯했다.

바이올렛의 집은 순간, 얼음물을 끼얹은 것처럼 싸늘한 기운이 감돌았다.

결국 너무 실망한 바이올렛 가족은 꿈의 바이올린 회사를 물리 법정에 고소해 버렸다.

고무줄을 퉁기면 고무줄이 주위의 공기를 진동시켜
소리가 나게 됩니다.

길이가 다른 자들과 고무줄로 악기를
만들 수 있을까요?
물리법정에서 알아봅시다.

🎩 재판을 시작합니다. 원고 측, 변론하세요.

😀 요즘 세상에 이런 봉이 이선달 같은 사기를
치다니요?

🎩 가만……, 봉이 김선달 아닙니까?

😀 이상하네요. 제가 읽은 책에는 이선달이라고 적혀 있던데. 아
무튼 판사님, 지금 이선달이든 김선달이든 그게 뭐가 중요합
니까?

🎩 그럼 뭐가 중요한데요?

😀 바이올린 회사가 사기를 쳤다는 게 중요하지요. 악기도 아닌
것을 악기라고 팔아먹다니 말이에요.

🎩 알겠어요. 그럼 피고 측 변론하세요.

😀 현악기연구소의 이줄음 박사를 증인으로 요청합니다.

창백한 안색의 40대의 남자가 증인석으로 걸어 들어와
앉았다.

😀 본론으로 들어가죠.

그러시죠.

자와 고무줄로 악기를 만들 수 있습니까?

물론입니다.

어떻게 만들죠?

고무줄을 자에 걸친 후에 줄을 퉁기면 소리가 납니다.

어떻게 소리가 나는 거죠?

줄을 퉁기면 줄 주위의 공기들이 진동을 하고 그 진동이 소리를 만드는 거지요.

높은 음과 낮은 음은 어떻게 내지요?

진동수를 달리 하면 됩니다.

이해하기 쉽게 설명해 주세요.

도 소리를 내기 위해서는 1초 동안 공기를 264번 진동시키고, 레 소리는 1초에 297번 진동시키면 됩니다. 즉 공기들이 빠르게 진동할수록 높은 음이 만들어지지요.

다른 음들의 진동수는 어떤가요?

미는 1초에 330번, 파는 352번, 솔은 396번, 라는 440번, 시는 495번 공기를 떨게 하면 되지요.

공기를 다른 진동수로 진동하게 하려면 어떻게 해야 하지요?

줄의 길이를 다르게 하면 됩니다. 길이가 다른 자에 줄을 걸친 후 퉁기면 되지요. 즉, 짧은 줄을 퉁기면 높은 음이 만들어지고 긴 줄을 퉁기면 낮은 음이 만들어지지요. 이 원리를 이

용하면 줄로 '도, 레, 미, 파, 솔, 라, 시, 도'의 아름다운 소리를 낼 수 있지요.

아하, 그래서 길이가 다른 자가 들어 있었군요! 판사님, 그렇다면 바이올린 회사가 사기를 친 것은 아니네요, 그렇죠?

그런 것 같군요. 비싼 것만 악기는 아니죠. 이렇게 주위의 소품을 이용해 음계를 낼 수 있으면 그게 악기죠. 하지만 이번 제품은 바이올린의 형태가 아니라 손으로 퉁기는 기타의 형태이므로 줄기타라는 이름으로 제품명을 바꾸는 것이 좋겠습니다.

 각 악기에 따른 소리의 높낮이는 다음과 같습니다

① **현악기**: 더블베이스는 바이올린보다 낮은 소리가 나는데, 줄의 길이가 길고 무거울수록 낮은 소리가 납니다.

② **관악기**: 리코더의 크기가 클수록 낮은 소리가 나는데, 관의 길이가 길수록 낮은 소리를 내는 것입니다.

③ **타악기**: 큰북이 작은북보다 낮은 소리를 내는데, 크고 무거울수록 낮은 소리를 냅니다.

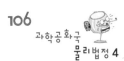

피아노의 정체를 밝혀라

현악기와 타악기, 관악기를 구분하는 기준은 뭘까요?

알럽뮤직 제1콘서트홀에서는 '만남'이라는 음악회가 열렸다. 이 음악회는 현악기와 타악기가 만나 환상적인 무대를 만드는 자리로, 현악기계의 거장 나첼로 씨와 타악기계의 거장 한드럼 씨가 함께 출연해 더욱 관심을 모았다.

"나첼로와 한드럼이 한 무대에 서다니!"

"정말 역사에 길이 남을 일이야!"

관객들은 저마다 한마디씩 하며 콘서트홀 안으로 들어섰다.

입장 시간 5분도 채 되지 않아 콘서트홀은 관객들로 가득 찼고,

기대에 부푼 관객들은 반짝이는 눈으로 무대를 주목하며 숨을 죽이고 앉아 있었다.

잠시 후, 막이 오르자 무대에는 반짝이는 악기들이 제 자리에 놓여 있었다. 곧이어 그 악기들을 연주할 연주자들이 각자 자기 악기 앞에 섰다. 연주자들은 자신들의 기량을 유감없이 발휘했다. 그리고 마지막 무대는 나첼로 씨와 한드럼 씨가 장식했다. 이날 연주에 진한 감동과 전율을 선사받은 관객들은 몇 번이나 기립 박수를 보냈다.

그로부터 일주일 뒤, 현악기계의 거장 나첼로 씨가 씩씩거리며 현악기 협회 사무실로 들어섰다.

이비올라 씨가 나첼로 씨를 보고 걱정스런 표정으로 물었다.

"첼로 씨, 무슨 일입니까?"

나첼로 씨가 화난 목소리로 대답했다.

"아니, 음악 협회장이 지난달 있었던 음악회의 수입을 타악기 협회와 7 대 3으로 나누라고 하지 뭡니까!"

이비올라 씨가 되물었다.

"우리가 3을 가진단 말입니까?"

나첼로 씨가 대답했다.

"그렇다니까요!"

이비올라 씨가 말도 안 된다는 듯이 물었다.

"아니, 왜요?"

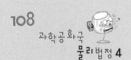
과학공화국
물리법정 4

나첼로 씨가 음악 협회장이 설명했던 이유를 말했다.

"음악 협회장이 말하길, 타악기는 힘차게 두드리기 때문에 현악기를 연주하는 것보다 힘이 든다나 뭐라나……."

이비올라 씨가 터무니없다는 듯이 말했다.

"아니, 그런 말도 안 되는 이유가 어디 있습니까! 우리는 립싱크로 연주한답니까? 손가락에 군살 잡혀 가며 피 나게 연습하는데!"

나첼로 씨가 동의하는 말을 했다.

"그러니 내가 이렇게 흥분하는 것 아닙니까!"

나첼로 씨와 이비올라 씨는 마주 앉아서는 흥분을 가라앉히지 못했다.

얼마 후 이비올라 씨가 말했다.

"첼로 씨, 여기서 이럴 게 아니라 음악 협회에 당당히 말하자고요!"

나첼로 씨가 무슨 말이냐고 물었다.

"뭘요?"

이비올라 씨가 단호하게 대답했다.

"앞으로 어떤 음악회에도 참여하지 않겠다고요!"

그러고는 이비올라 씨는 주먹을 꽉 쥐며 입을 굳게 다물었다.

다음 날, 현악기 협회는 조직 내 회의를 거쳐 앞으로 음악 협회에서 주최하는 어떤 음악회에도 출연하지 않을 것이라는 의사를 밝혔다. 이로써 현악기 협회와 타악기 협회의 싸움이 본격적으로 불붙게 되었다. 그러나 불공평한 수익 배분으로 이날의 사태를 만든 음악 협회 측은 아무런 대책도 내놓지 않은 채 방관만 하고 있었다.

그런 일이 있은 지 얼마 후, 알럽뮤직 제1콘서트홀에서 '현악기의 밤'이라는 음악회가 열렸다. 그런데 그날은 우연치 않게도 '타악기의 반란'이라는 음악회가 알럽뮤직 제2콘서트홀에서 열리기로 한 날이었다. 드디어 현악기 협회와 타악기 협회가 맞대결을 펼치게 된 것이다.

나첼로 씨가 비장한 표정으로 이비올라 씨에게 말했다.

"비올라 씨, 반드시 우리가 타악기의 반란보다 많은 관객을 확보해야 합니다!"

이비올라 씨도 주먹을 꽉 쥐어 보였다.

"물론이지요!"

잠시 후, 음악회 시작 시간이 다가오자 관객들이 하나둘 모습을 드러냈다. 알럽뮤직 건물 안으로 들어온 관객들은 모두 하나같이 몸을 홱 틀어 알럽뮤직 제2콘서트홀로 들어갔다.

보다 못한 이비올라 씨가 시장에서 손님을 부르듯이 관객들에게 호객 행위를 하기 시작했다.

"이쪽으로 오세요! 정말 멋진 밤이 될 겁니다!"

그러자 반대편에 있던 한드럼 씨가 더 큰 소리로 외치며 나섰다.

"타악기의 반란! 후회 없는 선택이 될 것입니다. 지금까지 보아 왔던 지루하고 고리타분한 음악회와는 차원이 다릅니다. 현악기의

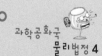

밤? 이런 건 언제든지 들을 수 있지 않습니까! 저희 할아버지의 할아버지의 할아버지 때부터 있어 온 음악회니까요! 하지만 저희의 공연은 다릅니다!"

한드럼 씨의 말이 끝나자마자 관객들이 제2콘서트홀로 우르르 몰렸다. 제2콘서트홀은 관객으로 꽉 차 더 이상 사람을 들일 수 없을 정도였다.

나첼로 씨와 이비올라 씨는 아주 속이 상했다. '현악기의 밤' 음악회가 열리는 제1콘서트홀에는 이리저리 뛰어다니며 장난치는 아이를 데려온 엄마들만 몇 명 보일 뿐, 관객이라 할 만한 사람은 단 한 명도 없었다. 현악기 협회의 완패였다.

이비올라 씨가 힘없는 목소리로 고개를 떨어뜨리며 말했다.

"오늘 음악회는 취소해야겠습니다."

나첼로 씨가 놀란 목소리로 말했다.

"비올라 씨! 무슨 말씀입니까? 우리는 한 명의 관객을 위해서라도 음악회를 열어야 합니다."

이비올라 씨가 고개를 숙이며 말했다.

"첼로 씨……, 한 명의 관객도 없습니다."

현악기 협회의 공연장에는 얼음장 같이 차가운 기운이 맴돌았다. 그때 한 노숙자가 제1콘서트홀으로 들어왔다. 그러자 지휘자가 힘차게 지휘봉을 휘둘렀고 그 노숙자 단 한 사람을 위한 음악회가 진행되었다.

그날, 알럽뮤직 콘서트홀은 제1콘서트홀과 제2콘서트홀의 연주로 마치 전쟁이 난 듯했다. 양쪽 콘서트홀의 연주자들은 서로 경쟁적으로 소리를 높여 가며 연주했고 덕분에 관객들은 감동이 아닌 짜증을 얻게 되었다.

"타악기의 반란? 웃기고 있네! 고막 안 터진 게 다행이다!"

관객들은 음악회가 끝나기도 전에 하나둘씩 콘서트홀을 빠져나가기 시작했다. 결국 제2콘서트홀에 남아 있던 마지막 관객까지 나가 버리고 사상 초유의 관객 없는 연주회 사태가 벌어졌다.

제1콘서트홀의 상황도 마찬가지였다. 얼떨결에 휩쓸려 들어온 노숙자는 콘서트홀 안에 먹을 음식이 없다는 사실을 확인하자 미련 없이 그 장소를 떠났다.

이제 현악기 협회와 타악기 협회의 전쟁은 제 살을 깎아 먹는 출혈 경쟁으로 치닫고 있었다.

현악기 협회와 타악기 협회의 불화로 음악회의 인기는 점점 떨어졌다. 음악회를 찾는 이들의 발걸음이 줄고, 그러다 보니 음악 협회의 자금 사정도 좋지 않게 되었다. 이를 보다 못한 음악 협회장이 그제야 현악기와 타악기 협회를 중재하기 위해 나섰다. '화해'라는 음악회를 마련했던 것이다.

나첼로 씨와 한드럼 씨는 그 음악회 소식이 달갑지 않았지만, 음악회 시장의 활성화를 위해 억지로 출연을 결정했다.

하지만 현악기 협회와 타악기 협회는 음악회를 준비하는 동안에

도 내내 티격태격하며 화합하지 못했다. 특히 문제가 된 것은 특별 초정된 세계적인 피아니스트 이건반 씨의 자리였다.

이비올라 씨가 삿대질을 해 가며 소리쳤다.

"한드럼 씨, 해도 해도 너무 하시는 것 아닙니까! 어떻게 피아노를 타악기라고 우기십니까?"

한드럼 씨가 조근조근 차분하게 말했다.

"이비올라 씨, 비올라 씨는 피아노를 튕깁니까, 칩니까?"

흥분한 이비올라 씨가 소리쳤다.

"당연히 치지요!"

그러자 한드럼 씨가 탁자를 탁 치며 일어섰다.

"거 보세요! 지금 이비올라 씨도 피아노는 치는 것이라 말하고 있지 않습니까? 따라서 피아노는 타악기입니다!"

현악기 협회는 한드럼 씨의 주장이 잘못되었다고 느끼면서도 어떤 점이 그런 것인지 짚어 내지 못했다. 그 점을 찾지 못한다면 팸플릿에는 피아노가 타악기로 오르게 될 예정이었다.

다급해진 현악기 협회는 결국 이 문제를 물리법정에 의뢰했다.

피아노는 건반을 눌러 망치로 줄을 치면 그 줄이 떨려 소리를 내는 악기로, 이때 줄의 떨림이 주위의 공기를 떨게 하여 소리가 퍼져나가게 됩니다. 이것이 피아노 소리의 원리입니다.

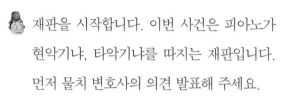

피아노는 현악기일까요, 타악기일까요?
물리법정에서 알아봅시다.

🎩 재판을 시작합니다. 이번 사건은 피아노가 현악기냐, 타악기냐를 따지는 재판입니다. 먼저 물치 변호사의 의견 발표해 주세요.

🎩 악기는 세 가지로 분류됩니다.

🎩 각각 무엇입니까?

🎩 현악기, 관악기, 타악기입니다. 현악기는 줄의 진동으로, 관악기는 관 속 공기의 진동으로, 타악기는 북의 진동으로 공기의 진동을 일으켜 소리를 만들지요.

🎩 우와, 오랜만에 제대로 된 변론을 들어 보네!

🎩 저에게도 잠재된 능력이 있다고요. 무시하지 마세요.

🎩 알았습니다. 계속하세요.

🎩 피아노는 손으로 두들기죠?

🎩 그렇죠.

🎩 그러면 간단하네요. 피아노는 관을 통해 소리 내는 것도 기타처럼 줄을 퉁겨 소리 내는 것도 아니니까, 북처럼 두들기는 타악기입니다.

🎩 그럴듯하군요. 그럼 피즈 변호사는?

 저는 생각이 다릅니다.

말해 보세요.

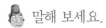 두들겨 소리를 낸다고 해서 타악기로 분류해서는 안 됩니다.

좀 더 알아들을 수 있게 설명해 주세요.

피아노물리연구소의 어울림 박사를 증인으로 요청합니다.

검은 양복을 차려 입은 곱슬머리의 40대 남자가 증인석으로 천천히 걸어 들어왔다.

본론으로 들어가서 피아노는 타악기입니까?

아닙니다. 현악기입니다.

피아노가 줄을 이용해 연주되나요?

다음 그림을 보시죠.

무엇을 그린 그림인가요?

피아노의 건반을 누를 때 줄이 움직이는 모습입니다. 피아노

음높이 조절이 가능한 타악기도 있나요?

물론입니다. 건반 있는 타악기 중에서 대표적인 악기는 실로폰입니다. 실로폰은 두께를 달리해 조율된 단단한 나무 막대 음판들을 피아노 건반과 같은 방식으로 배열하고, 그 음판 아래에 금속 공명관을 부착한 것입니다. 대개 장미 나무로 만드는데, 아래에 있는 공명관은 소리의 음질을 높여 주고 진동을 지속시켜 주는 역할을 합니다.

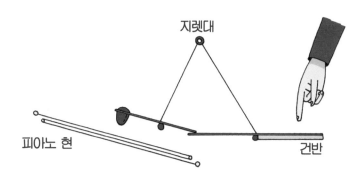

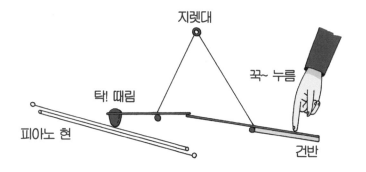

는 강하게 매어진 줄을 건반에 연결된 망치로 쳐서 소리를 내
는 악기로, 건반을 누르고 있는 동안 줄이 울리고, 건반에서
손을 떼면 댐퍼(진동 차단 장치)가 내려와 소리를 멈추게 합니
다. 줄의 떨림이 주위의 공기를 떨리게 하여 소리가 퍼져나가
는 것이 피아노 소리의 원리이니까, 줄의 떨림으로 소리를 내
는 바이올린이나 기타와 같은 현악기입니다. 피아노의 소리
가 생성되는 원리를 더 설명하자면, 오른쪽 페달을 밟으면 이

진동 차단 장치가 내려오지 않아 모든 음들이 계속 울립니다. 그리고 왼쪽 페달을 밟으면 줄을 치는 망치의 위치가 오른쪽으로 약간 이동해 같은 음을 내는 3줄 중 2줄 정도만 치게 됩니다. 소리가 작아지는 것이죠.

 판결할 것도 없군요. 피아노는 현악기입니다. 사물을 눈으로 보이는 것에만 의존해 판단하면 안 된다는 교훈을 이번 사건을 통해 얻은 것 같아요.

쇠파이프로 만든 악기

쇠파이프로 어떻게 음계를 연주할 수 있을까요?

징글벨, 징글벨.

　12월이 되자 온 거리에 크리스마스 캐럴이 울려 퍼졌다. 거리마다 형형색색의 크리스마스트리가 세워졌고, 사람들의 얼굴에는 웃음이 피어났다.

　강철 쇠파이프 공장의 모팔모 사장은 올해 창사 10주년을 맞이해 공장 직원들과 함께 크리스마스 파티를 열기로 했다.

　"이번 크리스마스에 우리 강철 쇠파이프 공장 10주년을 기념할 겸 조촐한 파티를 열 생각입니다. 그래서 공장 직원들로 구성된 합창단 공연을 할까 하는데, 여러분들의 생각은 어떤가요?"

직원들이 찬성했다.

"좋은 생각입니다, 사장님."

모팔모 사장이 기쁘게 발표했다.

"그럼 12월 25일에는 전 직원의 가족들을 초대해 멋진 파티를 열어 봅시다!"

이튿날부터 강철 쇠파이프 공장 직원들은 본격적으로 파티 준비를 시작했다. 먼저 오디션을 통해 목소리가 좋고 노래를 잘 부르는 12명의 직원을 뽑아 합창단을 구성하고, 감각이 뛰어난 직원들을 선발해 파티 장소를 꾸몄다. 그리고 요리를 잘하는 직원들은 파티 음식을 정해 준비했고, 나머지 직원들은 직원 가족들에게 보낼 카드를 만들었다.

이 모든 준비는 공장 일이 끝나고 난 저녁 시간에 이뤄졌기 때문에 강철 쇠파이프 공장의 모든 직원들은 눈코 뜰 새 없이 분주하게 움직여야 했다. 하지만 처음으로 여는 파티에 대한 기대감으로 누구하나 불평하는 이가 없었다.

드디어 크리스마스 날.

알록달록한 장신구로 꾸며진 파티 장소에 맛있는 음식들이 차려졌다. 공장 직원의 가족들도 속속 도착했다.

모팔모 사장이 흐뭇한 표정으로 파티 장소를 살펴보고 있는데, 비서가 헐레벌떡 뛰어오더니 합창단 반주를 맡기로 한 팀이 폭설로 도로가 막혀 제 시간에 도착할 수 없게 됐다는 소식을 전했다.

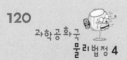

격정된 모팔모 사장이 물었다.

"반주 팀이 오지 않으면 파티의 하이라이트인 합창 공연을 할 수 없게 되잖나! 얼마나 늦는다고 하던가?"

비서가 대답했다.

"그, 글쎄요. 정확히 알 수 없다고 합니다."

공장 직원들과 그 가족들은 파티 장소에서 한참을 기다렸지만, 결국 반주 팀은 파티 장소에 도착하지 못했다. 반주 팀이 없어 열심히 준비한 합창 공연은 무산되었고 공장 직원들과 가족들은 크게 실망해 집으로 돌아갔다.

모처럼 준비한 파티가 엉망으로 끝나 버리자 강철 쇠파이프 공장의 모팔모 사장은 이 모든 일이 약속을 어긴 반주 팀 때문이라며 물리법정에 고소했다.

관 속의 공기가 진동하면 소리가 납니다. 이때, 관의 길이가 짧으면 높은 음, 관의 길이가 길면 낮은 음이 납니다.

여기는 물리법정

쇠파이프로 악기를 만들 수 있을까요?
물리법정에서 알아봅시다.

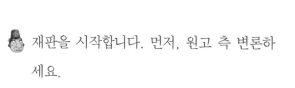

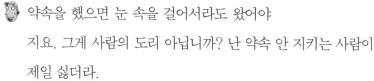

🧑 재판을 시작합니다. 먼저, 원고 측 변론하

세요.

🐑 약속을 했으면 눈 속을 걸어서라도 왔어야

지요. 그게 사람의 도리 아닙니까? 난 약속 안 지키는 사람이

제일 싫더라.

🧑 그럼 왜 어제는 저하고 한 약속을 지키지 않았나요?

🙂 어제 무슨 약속이 있었나요?

🧑 어제 점심을 산다고 하지 않았소?

🙂 글쎄요. 기억이 없는데요.

🧑 어이구, 말을 말지. 그럼 피고 측 변론하세요.

🙂 눈 때문에 길이 막혀 약속을 지키지 못한 걸 가지고 이렇게

고소까지 하다니 좀 야박하다는 생각이 드네요. 그리고 반주

팀 없이도 반주가 가능한데 그런 핑계를 대다니요.

🧑 반주 팀 없이도 반주가 가능하다고요?

🙂 네, 그것을 증언해 줄 증인을 모시겠습니다. 증인, 나와 주

세요.

흰 티에 청바지를 차려 입은 30대의 남자가 증인석에 앉았다.

증인이 하는 일은 뭐죠?

생활 속의 악기를 찾는 일을 합니다.

악기라면 악기점에서 사는 게 아닌가요?

우리 주위에는 악기로 사용될 수 있는 것들이 아주 많습니다.

그럼 이번 사건에서 강철 쇠파이프 공장에 악기로 사용될 수 있는 것이 있었단 말인가요?

물론입니다.

그게 뭐죠?

바로 쇠파이프입니다.

파이프오르간

'하늘을 향한 울림'. '악기의 왕'으로 불리는 파이프오르간은 무엇보다 거대한 크기로 우리를 압도하는 악기입니다. 파이프오르간은 바람을 일으키는 모터나 풀무를 이용해 일정한 공기의 압력을 만든 다음, 바람을 여러 통로를 통해 파이프로 보내 소리를 내게 하는 건반 악기입니다.

쉽게 말하면, 파이프오르간은 각각의 음을 낼 수 있는 수백 또는 수천 개의 피리를 건반에 의해 열고 닫음으로써 소리를 내지요. 흔히 우리가 음료수 병에 입을 대고 바람을 불어넣어 소리를 내는 원리와 비슷합니다.

파이프오르간은 몇 개의 파이프가 어우러져 오르간과 연결되어 있습니다. 이 악기의 주기관인 파이프는 여러 개 모여 있으며 모양과 크기가 각각 그 건물에 따라 다릅니다. 파이프 재질도 금속관(납과 주석의 합금)과 목관(木管)이 있으며 주로 교회나 성당에 많이 배치되어 있습니다. 오르간 소리가 전체 건물에 울려 퍼질 때에는 여러 가지 소리 진동이 합쳐져 또 다른 소리를 내는 것이 이 악기의 특징입니다.

그것으로 어떻게 악기를 만드는데요?

쇠파이프와 불만 있으면 금방 악기를 만들 수 있습니다. 쇠파이프들을 서로 다른 길이로 자른 후 불로 한쪽 끝을 달구고, 그것들을 하나씩 세우면 음계를 만들 수 있지요.

정말 신기하군요. 어떻게 가능한 거죠?

쇠파이프를 가열하면 그 안의 공기가 뜨거워지고 이때 파이프를 세우면 더운 공기가 위로 올라가면서 공기가 진동하여 소리가 납니다.

간단하게 악기를 만들 수 있었군요. 그럼 판사님의 판결을 부탁합니다.

생활 속의 물건들로 악기를 만들 수 있다는 것을 오늘 처음 알았습니다. 강철 쇠파이프 공장은 반주 팀이 오지 않더라도 공장의 파이프를 다른 길이로 잘라 악기를 만들 수 있었을 것입니다. 그러므로 이번 사건에 대해서 폭설로 파티에 참석하지 못한 반주 팀의 책임은 없다는 것이 저의 생각입니다.

작은 종을 치면 큰 종을 칠 때보다 높은 소리가 나오는 이유는 뭘까요?

타악기의 경우 물체가 작을수록 높은 진동수의 음이 만들어집니다. 그러므로 작은 종은 큰 종보다 고음이 나옵니다.

모기의 날갯짓

곤충도 음악 소리를 낼 수 있을까요?

대학에서 음악을 공부하던 황열정 씨는 무심코 열어 둔 창틈 사이로 흘러 들어온 귀뚜라미 소리에 매료된 뒤 본격적으로 곤충의 소리에 관해 연구하기 시작했다. 그 후 5년간 남다른 노력으로 연구에 몰두한 결과 황열정 씨는 어느새 전문 과학자 못지않은 실력을 자랑하는 아마추어 과학자가 되어 있었다.

곤충의 소리를 연구한 지 6년째 되던 여름, 황열정 씨는 모기 소리를 집중적으로 연구하기 위해 배낭에 짐을 꾸려 모기가 많이 살고 있다는 시골 습지로 향했다.

"이야, 정말 모기 왕국이 따로 없군그래. 온 몸에 약을 바르고 긴 옷까지 입었으니 설마 모기에 물리지는 않겠지?"

습지에 도착한 황열정 씨는 배낭에서 녹음기를 꺼내 모기들의 소리를 녹음하기 시작했다.

윙윙.

앵앵.

한참 동안 녹음 작업에 열중하던 황열정 씨는 문득 모기들이 만들어 내는 소리가 지금까지 연구했던 곤충의 소리와 뭔가 다르다는 것을 깨달았다.

'이상해. 모기의 소리는 단순한 곤충의 소리가 아닌 것 같아. 어쩌면…… 새로운 장르의 음악을 만들 수 있지 않을까?'

모기들이 만들어 낸 소리가 음악의 한 장르일 거라고 생각한 황열정 씨는 녹음 작업을 중단하고 곧장 집으로 돌아와 새로운 연구를 시작했다.

며칠째 두문불출하며 연구에 매진하던 황열정 씨가 〈모기 소리와 음악의 상관관계〉라는 논문을 완성했다.

'지금까지 이런 주제를 담은 논문은 없었어. 다음 달에 우수 논문 심사가 있다는데 한번 보내 봐야지. 내 논문이 대상을 받을 게 분명해.'

한 달 뒤, 우수 논문 심사가 있었다. 우승을 확신한 황열정 씨는 부푼 가슴으로 심사 결과를 기다렸으나, 그의 논문은 대상은커녕

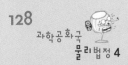

어떤 상도 받지 못했다.

당황한 황열정 씨가 당장 협회로 달려갔다.

"제 논문이 입상하지 못한 이유가 궁금합니다."

우수 논문 심사 위원 측에서 설명했다.

"아, 〈모기 소리와 음악의 상관관계〉라는 논문 말인가요? 대체 그게 말이 된다고 생각해요? 모기 소리는 당연히 소음이지 그게 무슨 음악이라고!"

황열정 씨는 아무래도 납득이 되지 않았다.

"아닙니다. 모기 소리도 음악이 될 수 있어요. 제 연구 결과가 그것을 입증하고 있습니다."

심사 위원 측이 더 이상 대꾸하기 귀찮다는 듯이 말했다.

"시끄러워요. 당신 같은 아마추어 과학자가 무엇을 안단 말이오? 당장 돌아가요!"

심사 위원 측의 홀대에 기가 꺾인 황열정 씨는 며칠 고민한 끝에 물리법정에 도움을 청했다.

모기는 1초에 600번의 날갯짓을 통해 공기의 압력을 변하게 하며,
이것은 진동수 600Hz인 '레' 음의 진동수와 같습니다.

**모기 소리와 음악은
어떤 관련이 있을까요?**
물리법정에서 알아봅시다.

재판을 시작합니다. 먼저, 피고 측 변론하
세요.

모기는 사람을 괴롭힙니다. 여름이면 모기
때문에 정말 견딜 수가 없습니다. 물리면 가렵고 윙윙거리는
소리 때문에 잘 잘 수도 없고요, 그 곤충은 병균을 옮기기도
합니다.

가만! 지금 이야기의 방향이 잘못된 것 같네요. 여기는 생물법
정이 아니라 물리법정이란 말이요, 물치 변호사.

그런가요? 그런데 왜 모기가 등장하지요? 그럼 이 사건은 생
물법정으로 보내지요. 거기 내 친구 생치 변호사가 있는데.

그만 하시오, 물치 변호사. 그럼 원고 측 변론 듣겠습니다.

증인으로 이번 연구를 진행한 황열정 씨를 요청합니다.

　노란색으로 염색된 긴 머리의 30대 남자가 증인석으로 걸
어 들어왔다. 그때 갑자기 모기 한 마리가 위잉, 하고 소리
를 내면서 판사의 얼굴에 달려들었다.

피즈 변호사, 모기가 함께 증언하기로 했습니까?

아니요.

그럼 이 모기가 왜 왔지? 아무튼 변론하세요.

우선 증인은 곤충의 울음소리와 음악과의 관계를 많이 연구해 온 걸로 알고 있는데 사실인가요?

그렇습니다.

이번 논문은 어떤 내용이죠?

모기는 음악처럼 음을 소리 낸다는 내용입니다.

음악이라면 도, 레, 미, 파, 솔, 라, 시, 도 같은 음이 있어야 하잖아요?

물론이죠.

그럼 모기가 그런 음을 낸다는 건가요?

모기가 윙윙거리는 소리는 '레' 음과 같습니다.

그래요?

모기는 날갯짓으로 공기의 압력을 변하게 해 소리를 냅니다. 1초에 600번 정도 날갯짓을 하지요.

그럼 진동수가 600헤르츠 정도군요.

그게 바로 높은 '레' 음의 진동수입니다.

정말 신기하군요. 모기가 '레, 레, 레'하고 돌아다닌다니…….

나도 신기하오, 피즈 변호사. 그럼 판결은 간단하군요. 황열정

씨의 논문은 음파를 분석하는 음성학인 음향음성학, 곧 음성물리학에서 곤충의 울음소리에 대한 새로운 연구를 더한 논문으로 인정되어야 한다는 것이 저의 생각입니다.

신기한 라 음

공사 현장에서 어떻게 악기를 튜닝할까요?

막불러밴드는 최근 과학공화국에서 가장 인기 있는 그룹 중 하나이다. 비록 꽃미남은 아니지만 뛰어난 작곡 실력과 멋진 연주 솜씨, 폭발적인 가창력을 지닌 멤버로 구성된 막불러밴드는 10대는 물론 20, 30대에게도 큰 사랑을 받고 있었다.

막불러 밴드가 이처럼 엄청난 인기를 유지할 수 있었던 것은 제법 훌륭한 라이브 공연을 선보여 왔기 때문이다. 립싱크에 식상해져 있던 과학공화국 사람들에게 막불러밴드의 라이브 공연은 색다른 매력이었다.

매 콘서트마다 매진 사례를 이어 가던 막불러밴드는 과학공화국 가수로는 최초로 불꽃광장에서 공연하게 되었다. 불꽃광장은 최고로 손꼽히는 과학공화국의 야외 공연장으로, 대통령이 직접 설계한 것이라고 해 더 유명했다.

드디어 공연 날.

막불러밴드의 멤버들이 일찌감치 불꽃광장에 모였다.

"드디어 우리 막불러밴드가 100회 공연을 하는구나. 오늘은 더 열심히 하자!"

"이번 공연이 과학공화국 최다 관객 수를 돌파했다고 언론에서도 엄청난 관심을 보이더라. 전보다 더 멋있는 모습을 보여 주는 거야!"

"자, 이제 슬슬 최종 점검을 시작해 볼까?"

막불러밴드의 멤버들이 성공을 다짐하며 공연 준비를 하고 있는데, 길 건너편에서 참기 힘든 소음이 들려왔다. 어리둥절진 멤버들이 소음이 나는 곳으로 달려가 보니 다음 주에 시작한다던 아파트 공사가 시작되어 있었다.

막불러멤버가 현장 책임자에게 어떻게 된 일이냐고 물었다.

"다음 주부터 시작될 거라던 공사를 벌써 시작하면 어떡합니까?"

현장 책임자가 일정이 갑자기 당겨졌다고 답했다.

"공연이 시작할 7시쯤이면 오늘 공사도 끝날 테니 좀 양해해 주십시오."

막불러밴드의 멤버들은 일단 공연장으로 돌아와 시끄러운 소음 속에서 마지막 점검을 시작했다. 보컬은 가볍게 목을 풀고 나머지 멤버들은 각자 맡은 악기를 점검하고 있는데, 기타를 연주하는 멤버가 얼굴을 찌푸렸다.

"너무 시끄러워서 기타 조율이 힘드네."

결국 막불러밴드는 소음 때문에 기타를 제대로 조율하지 못한 채 무대에 올랐고, 공연이 시작되었다. 그런데 관객의 반응은 막불러밴드의 인기를 무색하게 할 정도였다.

"아니, 연주가 이게 뭐야? 기타 소리가 엉망이네."

"우우…… 막불러밴드, 정말 실망이야."

다음 날, 각 신문과 인터넷 포털 사이트에는 막불러밴드를 비난하는 글들이 쇄도했으며, 몇몇 관객들은 환불을 요구했다.

막불러밴드는 이 모든 일이 공연 당일 불꽃광장 근처에서 공사를 했던 아파트 건설 회사 때문이라며 물리법정에 고소장을 제출했다.

'라' 음은 시끄러운 곳에서도 잘 들리기 때문에
알람이나 비상 사이렌에 주로 사용됩니다.

**기타를 조율한다는 것은
무슨 의미일까요?**
물리법정에서 알아봅시다.

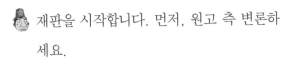

재판을 시작합니다. 먼저, 원고 측 변론하
세요.

기타가 정확하게 조율되어야 공연을 할 수
있어요. 그런데 옆에서 공사한다고 시끄럽게 했으니 어떻게
제대로 음을 조율할 수 있었겠어요? 이건 명백히 아파트 공
사 현장이 잘못한 겁니다. 그럴 때는 다른 사람들에게 소리
가 전달되지 않게 방음벽이라도 치고 공사를 해야 하는 게
아닌가요?

이번에는 피고 측, 변론하세요.

악기튜닝연구소의 줄맞춰 박사를 증인으로 요청합니다.

삐쩍 마른 30대 남자가 증인석으로 천천히 걸어와 주위를
두리번거리며 앉았다.

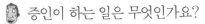

증인이 하는 일은 무엇인가요?

악기의 조율에 대하여 연구하고 있습니다.

조율이 무엇인가요?

예를 들어 기타를 자꾸 치다 보면 줄이 느슨해집니다. 느슨해진 줄을 치면 진동수가 작아요. 그러면 주위의 공기를 느리게 진동시켜 낮은 음이 나오게 되지요. 조율은 그렇게 된 줄을 팽팽하게 당기는 것으로 진동수를 조정해 원래의 음이 나오도록 맞추는 작업이죠. 이것을 튜닝 또는 조율이라고 하지요.

그럼 기타는 어떻게 조율하지요?

일반적으로 라 음을 이용합니다. 기타는 여섯 개의 줄이 있어요. 이 줄들의 길이는 같지만 무게가 다르죠. 기타의 경우는 위로 갈수록 줄이 무거워져서 낮은 음이 나오지요.

왜죠?

무거우면 잘 움직이지 않으려는 관성이 있잖아요? 그러니까 무거운 줄과 가벼운 줄을 같은 힘으로 치면 무거운 줄은 진동수가 작고 가벼운 줄은 진동수가 크지요.

라 음은 어디쯤에 있죠?

맨 위에서 두 번째 줄을 퉁기면 라 음이 나옵니다. 이 줄을 맞추면 나머지 다른 줄들도 음을 맞출 수 있어요. 건반 악기와 같은 다른 악기의 라 음과 기타의 라 음을 함께 연주해 맞추는 거지요.

그럼 공사 현장의 소음 때문에 건반의 라 음을 못 들을 수도 있겠군요.

그렇지는 않습니다.

어떻게요?

라 음은 어떤 시끄러운 소리에서도 잘 들리게 때문이지요.

그런가요?

사람의 귀가 모든 진동수의 음을 다 잘 듣는 건 아닙니다. 사람은 3,500헤르츠의 음을 잘 듣죠. 바로 라 음에 해당합니다. 그래서 라 음은 시끄러운 곳에서도 잘 들린단 말이죠. 알람이나 비상 사이렌에 주로 사용되는 음도 라 음입니다.

그렇군요. 그렇다면 막불러밴드도 라 음을 충분히 조율할 수 있었네요?

네, 그렇습니다.

판결을 내립니다. 증인이 설명해 주었듯이 이번 사건에 대해 원고 측인 막불러밴드의 주장은 설득력이 없다고 판결합니다.

관성의 법칙과 그 예

정지한 물체는 계속 정지하려 하고, 움직이는 물체는 계속 같은 속도로 움직이고 싶어 하는 것이 바로 관성의 법칙입니다.

그리고 관성의 법칙이 성립하는 좌표계를 '관성계'라고 합니다. 관성의 예로 우리는 흔히 달리고 있거나 정지해 있는 버스를 듭니다. 정지해 있는 버스가 갑자기 출발하면 승객이 뒤로 넘어지려고 하는데, 승객은 계속 정지해 있고 싶어 하기 때문입니다. 그리고 달리고 있던 버스가 갑자기 멈추면 승객은 앞으로 고꾸라지려고 하는데 그것은 승객은 계속 달리고 싶어 하기 때문입니다. 이러한 관성의 예로는 크게 두 가지가 있습니다. 정지 관성과 운동 관성입니다. 정지 상태를 계속 유지하려는 경우는 '버스가 급출발 시 뒤로 넘어진다' '담뱃재를 털 때' 그리고 '먼지를 털 때'이며, 운동 상태를 계속 유지하려는 경우의 관성은 '버스의 급정지 시 앞으로 넘어진다' '칼자루나 대패 날 박기' '돌부리에 걸려 넘어질 때' 그리고 '삽으로 흙을 퍼서 흙만 던질 때' 등이 그 예입니다.

음파

오감 중에서 소리를 들을 수 있는 감각, 즉 청각은 다른 감각과 마찬가지로 사물을 인지하고 인식하는 데에 중요한 역할을 합니다. 특히 소리를 내고 듣고 이것을 해독할 수 있는 능력을 가진 것은 인간이 의사소통에 의해 사회를 구성하고 사회를 발전시키는 능력을 가지게 된 결정적인 요인이 되었습니다. 지금 와서는 문자를 통하거나 다른 방법으로 의사소통을 할 방법이 생겨나고, 발달되었지만 그래도 말을 통한 의사소통이 가장 중요하고 결정적입니다. 인간뿐만 아니라 돌고래 등 몇몇 동물도 소리에 의해 서로 정보를 주고받는 것으로 알려져 있습니다.

음파는 무엇의 파동일까요? 사람이 이 음파 중에서 '말'을 해독할 수 있는 능력을 가지고 있는데, 그 원리는 무엇일까요? 음악은 우리를 즐겁게 하거나 색다른 기분을 느끼게 하고 나아가서 우리를 감동시키는데, 이 음악의 소리는 어떤 종류의 음파일까요? 그리고 악기는 어떤 원리로 소리를 낼까요?

악기는 공명의 파동을 만들어서 이것이 공기를 진동시키게 하여 듣기 좋은 일정한 음 높이의 음파를 만들어 내는 장치입니다. 닫힌 공간 내에 형성되는 정상파의 고유 진동수는 그 경계 조건에 따라 달라집니다. 같은 경계 조건에서도 다른 값의 고유 진동수를 갖는 여러 가지 진동의 모드가 존재합니다. 그런데 이 모드는 중첩의 원리에 따라 여러 진동 모드가 합성된 파동도 있을 수 있습니다. 이렇게 합성된 음은 그것을 만드는 공명 장치의 형태에 따라 듣기 좋은 음이 되기도 하고 듣기 거북한 소리가 되기도 합니다.

악기는 기본적으로 줄의 정상파를 이용한 기타나 바이올린, 피아노 등의 현악기, 얇은 관 속의 음파의 정상파를 이용한 피리나 대금, 클라리넷 등의 관악기, 원형 막의 정상파를 이용한 북 등의 타악기가 있습니다. 피아노는 현악기의 원리를 이용하지만 그 형태가 건반을 두드려서 간접적으로 줄을 치게 하므로 건반악기라고도 합니다.

현악기의 원리

줄을 퉁겨서 소리를 내는 악기를 현악기라고 합니다. 예를 들면 기타나 바이올린, 첼로가 현악기입니다. 그런데 같은 재료로 만들어진 줄이라도 줄의 길이에 따라 나오는 소리의 진동수가 다릅니다. 줄의 길이가 짧을수록 점점 높은 음이 만들어지는 것이죠. 그러므로 현악기에서는 줄의 길이를 조정하면 모든 음을 낼 수 있습니다.

그런데 기타는 여섯 개의 줄로 되어 있고 줄의 길이는 모두 같은 데도 왜 서로 다른 소리가 날까요? 그것은 줄의 무게가 다르기 때문입니다. 기타 줄은 맨 위에서부터 아래로 내려올수록 가벼워지는데, 같은 길이라고 하더라도 무거운 줄을 퉁기면 더 낮은 소리가 나옵니다. 그 이유는 기타에서 소리가 나는 것은 기타 줄이 퉁겨지면서 주위의 공기를 진동시키기 때문입니다. 무거운 줄은 같은 힘으로 퉁겨도 가벼운 줄에 비해 천천히 움직이는 성질이 있으므로 주위의 공기들이 느리게 진동해 낮은 진동수의 소리인 낮은 음이 나오는 것이죠.

기타 줄을 더 팽팽하게 감으면 높은 소리가 나는 이유는 뭘까요? 그것은 줄이 팽팽할수록 높은 음이 나오기 때문입니다.

타악기의 원리

타악기는 두들겨 소리를 내는 악기입니다. 타악기 중에서 많은 사람들이 알고 있는 악기는 북입니다. 북의 가죽을 때리면 북의 가죽이 들어갔다 나왔다 하면서 진동을 합니다. 그러면 그 진동수에 따라 가죽 주위의 공기들도 진동을 시작하고, 이렇게 해서 생긴 공기의 진동이 계속해서 옆으로 퍼져 우리 귀의 고막을 떨게 합니다. 우리가 북소리를 듣게 되는 원리입니다.

가죽 주위의 공기가 진동하여 옆으로 퍼지는 것을 확인할 방법이 있을까요? 물론입니다. 북 앞에 초를 켜 두면 북을 치기 전에는 공기의 진동이 퍼져 나가지 않으니까 초의 불꽃이 가만히 있지만, 북을 치면 초의 바람이 불 때처럼 불꽃이 흔들립니다. 바람 역시 공기가 움직이는 것으로, 북을 치면 주위의 공기들이 움직이면서 불꽃을 흔들리게 하는 것입니다.

숟가락을 젓가락으로 때려서 종소리를 낼 수 있을까요?

물론입니다. 금속 숟가락을 실로 묶어 양끝을 잡고 실 끝을 귀에 가까이 댑니다. 그리고 금속 젓가락으로 숟가락을 때리면 은은한 종소리를 들을 수 있습니다. 원리는 간단합니다. 실에 매달지 않았을 때 숟가락을 때려 만든 소리는 여러 가지의 진동으로 이루어져 있어 고른 음으로 들리지 않고 지저분한 잡음이 많이 포함되어 있습니다. 하지만 그 진동이 실을 통해 전달되면서 실에 흡수되어 일정한 형태의 진동수를 가진 음들만이 남게 되니까 은은한 종소리를 들을 수 있습니다.

관악기의 원리

관악기는 처음에는 나무로 만들어졌다가 요즘에는 금속으로 만들게 되었습니다. 나무로 만든 관악기를 목관악기, 금속으로 만든 것을 금관악기라고 합니다.

관악기는 관 속의 공기가 진동해 소리가 납니다. 어떻게 높은 음과 낮은 음이 나올까요? 원리는 간단합니다. 관의 길이가 짧으면 높은 음이 나오고, 관의 길이가 길면 낮은 음이 나옵니다. 피리를 생각해 보죠. 입에서 먼 쪽까지의 구멍을 모두 손가락으로 닫으면 관의 길이가 길어지므로 낮은 음이 나오고, 모든 구멍을 열면 관의 길이가 짧아지므로 높은 음이 나옵니다.

같은 길이의 관인데 하나는 통이 넓고 다른 하나는 좁으면 어느 쪽 관에서 높은 음이 나올까요? 악기를 물리학적으로 볼 때 가장 기본이 되는 원칙은 악기가 작을수록 높은 음이 나온다는 것입니다. 그러므로 통이 좁은 관악기가 높은 음을 냅니다.

호루라기 소리가 높은 음인 이유는 무엇일까요?

호루라기는 작은 통 속에서 공기를 진동시켜 그 진동이 작은 구멍을 통해 밖으로 전달되는데, 호루라기의 통이 너무 작기 때문에 귀에 거슬리는 높은 음이 나옵니다. 작은 통 속에서는 공기들이 아주 빠르게 진동하기 때문입니다.

공명에 관한 사건

와인 잔과 밴드 소리

어떻게 해서 소리가 물건을 부서뜨릴 수 있을까요?

어릴 적부터 유리 제품에 관심이 많았던 글라스 씨
가 몇 년 동안 열심히 저축한 돈으로 드디어 자신의
가게를 마련했다.

"꿈에 그리던 나만의 유리 가게!"

글라스 씨는 감격스럽다는 듯 '라스의 유리컵' 이라는 간판이 걸
린 노란 지붕의 가게를 바라보며 흐뭇한 미소를 지었다.

글라스 씨의 가게는 다른 곳에서는 좀처럼 볼 수 없는 독특한 디
자인의 유리컵들이 많아 손님들의 발길이 끊이질 않았다. 게다가
과학공화국에서 갑자기 와인이 큰 인기를 끌면서 글라스 씨의 가

게를 찾는 사람들이 더욱 늘어났다.

"음, 와인 잔을 좀더 들여놔야겠어. 가만, 그런데 이게 어디서 나는 소리야?"

와인 잔을 주문하기 위해 수화기를 들었던 글라스 씨가 눈을 동그랗게 뜨며 가게 밖으로 나갔다.

의문의 소리는 글라스 씨의 가게 옆에 생긴 '고음 사랑'이라는 밴드의 연습실에서 새어 나오고 있었다.

글라스 씨가 연습실을 찾았다.

"실례합니다. 저는 옆 가게 주인인데요, 전자 기타 소리가 너무 시끄러워 손님들이 싫어하실까 걱정입니다."

연습실 사람이 웃으며 답했다.

"아, 걱정 마세요. 내일부터는 가게가 문을 닫으면 연습할 테니 영업에는 지장이 없을 겁니다."

글라스 씨가 안심하며 말했다.

"손님이 계시는 동안에는 연주를 하지 않는다니, 뭐 상관없겠죠."

이튿날, 고음 사랑 연습실에서는 아무 소리도 들리지 않았다. 밤 늦어서야 연습할 것이라던 말이 맞았다. 그런데 가게 문을 연 글라스 씨는 깜짝 놀라고 말았다. 전날 가게 문을 닫을 때까지 아무렇지 않았던 유리컵 몇 개가 깨져 있었던 것이다.

다음 날에도, 그 다음 날에도 마찬가지였다. 특히 새로 들여온 고가의 와인 잔들은 하나도 남김없이 모조리 깨져 있었다.

글라스 씨는 자신의 가게 옆에 고음 사랑 밴드가 이사 온 뒤부터 이런 일이 생기기 시작했다는 것을 깨닫고는 연습실을 찾아가 변상을 요구했다.

"당신들이 이사 온 뒤부터 내 가게의 잔들이 계속 깨지고 있어요. 책임지세요."

연습실 사람이 어이없다는 듯이 대꾸했다.

"세상에 그런 억지가 어디 있어요? 저희는 당신 가게에 들어간 적도 없는데, 어떻게 잔들을 깰 수가 있단 말입니까?"

글라스 씨와의 말싸움이 계속되었지만 고음 사랑 밴드는 말도 안 된다며 절대 변상할 수 없다고 맞섰다.

정확한 원인은 알 수 없지만 고음 사랑 밴드 때문에 계속 유리잔들이 깨지고 있다는 것을 확신한 글라스 씨는 물리법정에 도움을 요청했다.

두 진동수가 일치하면 진동이 커지는 현상을 공명이라 합니다.
음악 소리의 진동수와 와인 잔의 진동수가
일치하면 와인 잔의 진동이 커져서 컵이 깨질 수 있는데,
이것도 공명에 의한 현상입니다.

여기는 물리법정

밴드 소리 때문에 와인 잔이
깨질 수 있나요?
물리법정에서 알아봅시다.

재판을 시작합니다. 먼저, 피고 측 변론하
세요.

밴드 소리가 좀 크다고 컵이 깨진다는 게
말이 됩니까? 아마도 불량 와인 잔이기 때문에 손끝만 살짝
닿아도 깨지는 게 아닐까요? 아무튼 이런 말도 안 되는 억지
를 부리는 글라스 씨를 무고죄로 처벌해야 한다는 것이 저의
생각입니다.

그건 내가 결정할 거요.

그렇게 하세요. 그럼 변론 마칠게요.

원고 측, 변론하세요.

공명연구소의 투게더 씨를 증인으로 요청합니다.

붉은 나비넥타이를 하고 중절모를 쓴 50대의 신사가
증인석으로 들어왔다.

증인이 하는 일은 뭐죠?

공명에 대하여 연구하고 있습니다.

🧑 공명이 무엇인가요?

🎩 두 진동수가 일치하면 진동이 커지는 현상입니다.

🧑 좀 어렵군요. 자세히 말씀해 주시겠습니까?

🎩 이번 사건처럼 밴드가 소리를 내면 어떤 진동수의 소리가 만들어집니다. 그리고 와인 잔이 정지해 있는 것처럼 보여도 사실은 진동을 하고 있지요. 이때 와인 잔의 진동수와 음악 소리의 진동수가 일치하면 와인 잔의 진동이 커지게 되어 컵이 깨질 수 있는데 이런 현상을 공명이라고 합니다.

🧑 놀랍군요. 소리가 컵을 깨다니.

🎩 하지만 사실입니다.

🎩 좋습니다. 판결하지요. 우리는 정지해 있다고 믿었던 와인 잔이 시종일관 진동하고 있다는 사실을 처음 알았고, 그 진동이 다른 소리의 진동에 의해 공명을 일으켜 엄청나게 큰 진동으로 바뀌어 컵을 깨지게 할 수 있다는 것을 이번 재판을 통해 배웠습니다. 그러므로 이 사건에 대해 고음 사랑 밴드는 깨진 와인 잔의 값을 모두 물어 줄 것을 판결합니다.

🧑 공명은 무엇인가요?

공명을 쉽게 말하면 '함께 떨리기'라는 뜻입니다. 모든 물체들은 일정한 진동수로 떨고 있습니다. 이때 같은 진동수로 떨리는 소리가 부딪히면 그 물체는 소리와 같은 진동수로 함께 떨리게 됩니다. 그로 인해 소리는 더욱 커지게 되는데, 이것을 공명이라고 합니다. 대부분의 악기는 바로 공명 때문에 소리가 크게 울려 퍼지는 것입니다.

 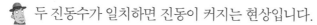

한 대의 실로폰으로
두 대를 연주하다

같은 진동수를 가진 두 대의 실로폰을 한 사람이 연주할 수 있을까요?

와글와글.

북적북적.

새해 첫날, 과학공화국 '예술의전당' 앞에 엄청 난 인파가 몰려들었다. 비행기로 10시간이나 걸리 는 수학공화국에서 온 유명한 실로폰 연주 팀 딩동댕의 연주를 보 기 위해서였다.

이분수와 이소수라는 아름다운 쌍둥이 자매로 구성된 딩동댕은 외모만큼이나 뛰어난 연주 실력으로 명성이 자자했다. 이 팀은 세 계적으로 유명한 베토벤 음악학교 실로폰학과를 공동 수석으로 졸

업했으며, 국제 실로폰 콩쿠르에서도 여러 번 우승한 경험이 있는 대단한 실력가였다.

이런 유명한 연주 팀 딩동댕이 '두 대의 실로폰'이라는 공연을 개최한다고 하자 과학공화국의 온 국민들은 너도나도 할 것 없이 예술의전당으로 모여 들었던 것이다.

한편, 차분하게 공연을 준비하고 있어야 할 공연 대기실에서는 난리가 났다. 쌍둥이 자매의 동생인 이소수 양이 그만 실로폰 채를 수학공화국에 놓고 와 버린 것이다. 딩동댕은 주문 제작한 특수 실로폰을 사용하고 있었는데, 그에 맞는 실로폰 채 역시 주문 제작한 것으로 일반 악기 상점에서는 구입할 수 없었다.

이소수 양이 울먹이며 말했다.

"분수 언니, 이 일을 어쩌면 좋아! 분명히 가방 안에 실로폰 채를 넣었는데 없어!"

이분수 양이 동생을 나무라며 말했다.

"그러게 내가 다시 한 번 꼼꼼하게 체크하라고 했었잖아. 내가 소수 너 때문에 정말 못 살겠다!"

이러지도 저러지도 못하고 있는 가운데 공연 시간이 다 되었다. 결국 이분수 양만 연주하기로 했다.

눈부신 황금빛 드레스를 차려입은 이분수가 무대에 올라 인사를 하고 연주를 시작했다.

딩딩, 동동동, 댕.

아름다운 연주였다. 하지만 두 대의 실로폰이 연주해야 하는 곡을 한 대의 실로폰으로 연주하기란 역부족이었다. 이분수는 혼신의 힘을 다해 연주했지만 몇몇 부분에서 눈치 채지 못할 정도로 아주 미약한 실수를 했다. 그리고 힘껏 연주했지만 두 대로 연주할 때보다 소리도 크지 않았다.

관객들의 반응은 좋지 않았다.

"딩동댕의 연주를 보기 위해 자동차를 다섯 시간이나 운전해서 왔는데, 이분수 혼자만 연주를 하다니!"

"그러게요. 공연 제목도 '두 대의 실로폰'인데 왜 한 대만 연주하는지 모르겠군요. 대체 이소수는 어디에 있는 거죠?"

실망한 관객들은 딩동댕의 연주 약속이 지켜지지 않았다며 물리법정에 고소했다.

실로폰을 치면 실로폰 주변의 공기가 진동하고, 이로 인해
주변에 있던 실로폰에서도 같은 진동수의 음이 발생하게 됩니다.

실로폰 한 대로 두 대의 실로폰을
연주할 수 있을까요?
물리법정에서 알아봅시다.

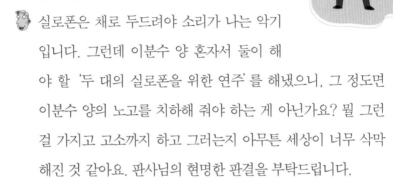

 재판을 시작합니다. 먼저, 피고 측 변론해

주세요.

실로폰은 채로 두드려야 소리가 나는 악기

입니다. 그런데 이분수 양 혼자서 둘이 해

야 할 '두 대의 실로폰을 위한 연주'를 해냈으니, 그 정도면

이분수 양의 노고를 치하해 줘야 하는 게 아닌가요? 뭘 그런

걸 가지고 고소까지 하고 그러는지 아무튼 세상이 너무 삭막

해진 것 같아요. 판사님의 현명한 판결을 부탁드립니다.

난 항상 현명한 판결을 내리지요. 그럼 이번에는 원고 측 변

론하세요.

악기공명연구소의 어울림 박사를 증인으로 요청합니다.

몸매가 좋은 30대의 얼짱 남자가 증인석으로 걸어 들어왔다.

증인이 하는 일은 무엇입니까?

악기의 공명에 대해서 연구하고 있습니다.

악기의 공명이란 무엇입니까?

하나의 악기를 때려 다른 악기도 소리 나게 하는 거죠.

그게 가능한가요?

물론입니다.

설명해 주세요.

바로 공명 때문입니다. 공명을 이용하면 두 대의 악기를 연주할 수 있지요. 두 대의 실로폰을 나란히 놓고 한 대만 치면 옆의 실로폰도 울리게 됩니다. 즉, 도 음을 치면 옆의 실로폰도 도 음이 울리게 되고 레 음을 치면 옆에서도 레 음이 나오게 되지요.

이유가 뭐죠?

한 대의 실로폰의 도 음을 치면 도 음의 진동수를 가진 소리가 발생하거든요. 즉 그 진동수로 공기를 진동시키지요. 그럼 옆에 있는 실로폰 중에서 그 진동수에 해당되는 것만 공명을 일으켜 울리게 되지요.

아하! 정말 한 대를 쳐서 두 대를 연주할 수 있군요. 그렇다면 관객들에게 약속을 지킬 수 있었다는 얘긴데, 이 사건은 이분수와 이소수 자매가 과학을 공부하지 못한 데서 생겨난 것이군요.

그런 것 같습니다. 한 대를 쳐서 두 대의 실로폰이 울리게 했다면 관객들은 더없는 진기를 볼 수 있어 좋았을 것이라고 생각됩니다. 두 사람에게 공명을 이용하여 네 대의 실로폰에서 소리가 나게 하는 '관객들을 위한 무료 콘서트'를 다시 열 것을 판결합니다.

김유비 씨의 골탕 먹이기 작전

두 대의 스피커 중 한쪽 스피커에서 소리를 내면
다른 한쪽 스피커에 전기가 흐르는 이유는 무엇일까요?

과학 방송국에 근무하고 있는 강조조 씨와 김유비
씨는 알 만한 사람들은 다 아는 소문난 앙숙이었
다. 두 사람은 입사 동기임에도 불구하고 사사건건
의견이 달라 하루도 조용히 넘어가는 날이 없었다.

점심 식사로 무얼 먹을지 정하는 문제에서도 그랬다.

"자, 오늘 점심은 뭘 먹을까? 강조조 씨 생각은 어때?"

"오랜만에 보리밥이나 먹으러 갈까요?"

"훗, 촌스럽기는. 보리밥은 시골뜨기 강조조나 먹으라고 하고 과
장님은 저랑 김치찌개 드시러 가시죠."

이런 두 사람이 업무 시간이라고 다를 리 없었다.

"김유비 씨가 발표한 기획안을 어떻게 생각합니까?"

"진부하고 식상한 발상입니다. 저런 구시대적인 아이디어로는 경쟁 프로에게 시청자들을 모두 빼앗길 게 분명합니다. 그것보다는 이 아이디어가 더 좋을 것 같습니다. 제가 준비한 보고서를 보시죠."

"으으, 못된 강조조 녀석 같으니."

마음이 상한 김유비 씨는 기필코 강조조 씨에게 복수를 하리라 다짐했다.

그러던 어느 날, 두 사람에게 과학 방송국에서 청소년들을 대상으로 하는 공개 음악회를 준비하는 일이 맡겨졌다.

'음, 하늘이 내게 복수의 기회를 주시는군.'

김유비 씨는 속으로 쾌재를 부르며, 늦은 밤 아무도 몰래 음악회 무대 위에 올라갔다. 그러고는 두 대의 스피커를 마주 보게 놔 둔 다음, 하나의 스피커에만 앰프를 연결하고 다른 스피커에는 어떤 것도 연결하지 않았다.

'후훗, 완벽해. 강조조 녀석, 골탕 한번 먹어 봐라!'

다음 날, 김유비 씨는 강조조 씨와 함께 공개 방송을 준비하기 위해 무대를 점검했다.

어젯밤 준비해 놓았던 스피커 쪽으로 간 김유비 씨는 아무것도 연결되어 있지 않은 스피커에서 전선을 두 가닥 빼내어 강조조 씨에게 잡게 한 다음 앰프의 스위치를 올렸다.

"으아아악"

강조조 씨가 비명을 지르며 괴로운 듯 털썩 주저앉았다. 그러고는 김유비 씨를 날카롭게 쏘아보며 따졌다.

"너, 이 자식, 무슨 짓을 한 거야? 하마터면 감전으로 큰일 날 뻔했잖아!"

"감전이라니, 무슨 소리야? 난 너한테 어떤 전원과도 연결되지 않은 앰프의 전선을 쥐어 주었을 뿐이야. 거기에는 전기가 통하지 않았을 게 분명한데 왜 내게 잘못을 뒤집어씌우는 거야?"

김유비 씨가 태연한 얼굴로 말했지만, 강조조 씨는 믿을 수가 없었다.

결국 강조조 씨는 물리법정에 이 사건을 의뢰했다.

스피커와 스피커를 마주 대고 한쪽 스피커를 앰프에 연결하면
스피커에서 나온 소리가 공기 중에서 진동을 하며 퍼져 나갑니다.
이때 소리의 진동을 받은 스피커는 내부의 진동판이 떨리고
주위의 자석 코일을 통해 전기가 만들어집니다.

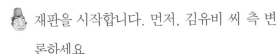

강조조 씨가 감전된 까닭은 무엇일까요?
물리법정에서 알아봅시다.

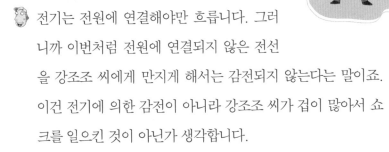

재판을 시작합니다. 먼저, 김유비 씨 측 변론하세요.

전기는 전원에 연결해야만 흐릅니다. 그러니까 이번처럼 전원에 연결되지 않은 전선을 강조조 씨에게 만지게 해서는 감전되지 않는다는 말이죠. 이건 전기에 의한 감전이 아니라 강조조 씨가 겁이 많아서 쇼크를 일으킨 것이 아닌가 생각합니다.

강조조 씨 측 변론하세요.

강조조 씨는 분명히 감전이 되었습니다. 즉 몸에 전류가 흘렀다는 말이죠. 그런데 이 일을 저지른 김유비 씨가 이제 와서 발뺌을 하다니 정말 못된 사람이군요. 저는 저런 인간을 제일 싫어합니다. 엄벌에 처해 주십시오.

피즈 변호사, 그만 흥분하고…… 증인이 있습니까?

항상 증인을 세워 현명한 판결을 유도하는 게 저의 장기 아닙니까? 증인으로 전파연구소의 고전파 씨를 요청합니다.

번개 모양을 한 헤어스타일에 찢어진 청바지를 차려입은 20대 후반의 남자가 증인석에 앉았다.

증인이 하는 일은 무엇입니까?

전파에 대하여 연구하고 있습니다.

이번 사건에 대해 조사를 한 걸로 알고 있는데, 맞죠?

네, 3일 전에 현장을 조사했습니다.

그럼 강조조 씨가 감전된 게 맞습니까?

네, 사실입니다.

전원에 연결되어 있지 않았는데도요?

스피커와 스피커를 마주 대고 한쪽 스피커를 앰프에 연결해 소리가 나오게 하면 반대쪽 스피커에는 전기가 생기지요.

원리를 설명해 주세요.

한쪽 스피커에서 나온 소리가 공기 중에서 진동을 만들어 퍼져 나가게 되고 다른 쪽 스피커에 그 진동이 전달되거든요. 그 진동을 받아 스피커 내부의 진동판이 떨리고 주위의 자석 코일을 통해 전기가 만들어지지요.

아하, 발전기의 원리군요!

네, 맞습니다.

판사님! 그렇다면 제 주장대로 김유비 씨의 유죄가 분명하죠?

그렇군요. 아무튼 전기는 무시무시한 현상인데 이런 식으로 친구에게 장난을 하다니. 그러다 사람이 죽기라고 하면 어떡할 뻔했어요? 이번 일에 대한 책임은 전적으로 김유비 씨에게

있다고 보고, 그에게 한 달 동안 전기 안전 수업을 받도록 명
령합니다.

강제 진동

소리굽쇠를 고정하지 않고 치면 소리는 약합니다. 그러나 그것을 탁자에 고정시키고 같은 힘으로 치면 소리는 커지지요. 이것은 탁자가 강제로 진동하기 때문입니다. 탁자는 소리굽쇠의 진동수에 맞추어 진동하는데, 이러한 진동을 강제 진동이라고 합니다. 공장에서 무거운 기계가 돌아가면 공장 바닥이 진동하는 것도 강제 진동의 한 예입니다.

고유 진동수

딱딱한 바닥에 쇳조각을 떨어뜨릴 때와 나뭇조각을 떨어뜨릴 때의 소리는 쉽게 구분됩니다. 왜냐하면 두 물체가 바닥에 떨어질 때 다르게 진동하기 때문이죠. 탄성이 있는 물체가 진동할 때는 특별한 진동수로 진동하면서 특유의 소리를 내는데, 이렇게 물체의 탄성이나 모양에 의하여 결정되는 특정한 진동수를 고유 진동수라고 합니다. 종이나 소리굽쇠 그리고 창문 유리창도 고유 진동수에 따라 진동합니다. 흥미 있는 사실은 행성에서 원자에 이르기까지 모든 물체들이 고유 진동수의 정수배로 진동한다는 사실입니다.

공명

강제 진동시키는 진동수가 물체의 고유 진동수와 일치하면 신기하게도 진폭이 증가하는데, 이것을 공명 또는 공명 현상이라고 합니다. 어떤 물체가 공명을 일으키기 위해서는 그것을 앞뒤로 잡아당길 만한 힘과 계속해서 진동시킬 수 있는 에너지가 필요합니다.

공명의 대표적인 예로 그네를 들 수 있습니다. 우리가 그네를 타고 구를 때 우리는 그네의 고유 진동수에 맞추어 구르게 됩니다. 그러니까, 그네를 구를 때 구르는 힘의 크기보다 시간을 잘 맞추는 것이 더 중요한 것이죠. 살짝 구르거나, 다른 사람이 조금만 밀더라도 그 힘이 그네의 운동에 정확히 맞추어 전달된다면 공명을 일으켜 그네는 매우 큰 진폭으로 흔들리게 됩니다.

교실에서 실험해 볼 수 있는 공명 현상 중 하나는 같은 진동수로 조절된 한 쌍의 소리굽쇠를 1미터 정도 떨어진 곳에 놓고, 한쪽의 소리굽쇠를 칠 때 다른 쪽의 소리굽쇠가 진동하는 현상입니다. 이것은 그네를 미는 것의 축소 모형이라고 할 수 있습니다. 이것 역시 시간 맞추기입니다. 소리굽쇠에 음파가 연속적으로 전달될 때 음파는 소리굽쇠의 날개를 조금씩 밀게 되고, 이때 소리굽쇠를 미는 진동수가 소리굽쇠의 고유 진동수와 같아지면 공명에 의해 소리굽쇠의 진폭은 증가하게 됩니다. 소리굽쇠의 진동수가 일치하지 않으면 공명은 일어나지 않습니다. 라디오의 채널을 맞추는 것도 공명의 한 예인데, 주위의 여러 진동수를 가진 전파들과 라디오의 고유 진동수를 맞춰 공명을 일으키는 것이죠.

공명은 파동 운동에만 국한되는 것이 아닙니다. 1831년 캘버리 부대가 영국 맨체스터 근교의 육교를 행진해 지나갈 때, 부대의 행진으로 다리를 누르는 진동수가 다리의 고유 진동수와 일치하여 공명에 의해 다리가 파괴된 일이 있었습니다.

공명 현상의 효과를 주위에서 찾아볼까요? 공명은 음악 소리 뿐만아니라, 가을의 낙엽, 파도의 높이, 레이저 작동, 그리고 주위에서 아름다움을 더해 주는 많은 현상에서 찾아볼 수 있습니다.

중첩

다른 모든 파동과 같이 음파도 간섭을 합니다. 파동이 출렁거릴 때 가장 높이 올라간 지점을 '마루' 라고 하고 가장 낮은 지점을 '골' 이라고 하는데, 두 파동의 마루와 마루가 같은 위치에서 만나면 두 파동이 합쳐져 만든 새로운 파동의 진폭이 증가합니다. 그러나 반대로 하나의 파동의 마루와 다른 파동의 골이 만나면 두 파동이 합쳐져 만든 새로운 파동의 진폭은 감소합니다. 음파의 경우 마루는 공기들이 조밀하게 모여 있는 '밀' 에, 골은 공기들이 멀리 퍼져 있는 '소' 에 해당합니다.

같은 진동수로 동일한 소리가 나오는 두 개의 스피커로부터 같은 거리에 앉아 있으면 두 스피커의 중첩 효과로 소리는 커집니다. 소리의 밀과 소가 박자에 맞추어 밀은 밀끼리 소는 소끼리 만나기 때문이죠. 그러나 스피커를 약간만 옮겨도 두 음파의 소와 밀이 만나서 소멸 간섭을 일으키기 때문에 새로이 만들어지는 음파가 사라져 갑자기 소리가 들리지 않은 일이 생길 수도 있습니다. 하지만 스피커에서 나온 소리가 직접 귀로 들어오는 경우뿐 아니라 벽에 반사되어 들어오는 경우도 있으므로 그런 일을 잘 일어나지 않습니다. 잘못 설계된 음악당이나 극장에서는 벽면에 부딪친 음파가 반사되지 않고 흡수되어, 스피커로부터 오는 소리가 잘 들리지 않는 지역이 생길 수 있습니다. 소멸 간섭 때문이죠. 물론 이때 머리를 수센티미터만 움직여 소멸 간섭을 일으키지 않아 소리를 들을 수 있는 곳을 감지해 낼 수도 있습니다.

소리의 소멸 간섭은 잡음 제거 기술에서 아주 유용합니다. 돌을 부수는 석쇄기에는 작은 마이크를 부착되어, 석쇄기가 내는 소리를 받아 전기 장치로 보내면 반사음을 만들어 망치잡이의 이어폰으로 다시 보내는 잡음제거 장치가 되어 있습니다. 망치 소리의 밀은 잡음 제거 장치에서 만들어진 이어폰의 반사파의 소와 간섭하여 없어지는 원리입니다. 이러한 원리는 자동차 배기통에도 이용되고 있습니다. 잡음 제거 소리가 큰 스피커를 통해서 원래 잡음의 95퍼센트까지 줄일 수 있습니다.

맥놀이

진동수가 약간 다른 두 개의 음정의 소리가 합쳐지면 합성음의 소리가 작아졌다, 커졌다, 작아졌다, 커졌다 합니다. 이와 같은 소리의 주기적인 진동은 간섭 때문에 일어나며, 이것을 맥놀이라고 부릅니다.

진동수가 약간 다른 두 개의 소리굽쇠를 치면 소리굽쇠는 순간 적으로 박자가 맞게 그리고는 박자가 안 맞게 또다시 박자가 맞게 진동합니다. 박자가 맞을 때의 합성음은, 즉 한 소리굽쇠의 밀이 다른 소리굽쇠의 밀과 중첩될 때 소리의 크기는 최대가 됩니다. 잠시 후 박자가 안 맞게 되면 한 소리굽쇠의 밀이 다른 소리굽쇠의 소와 만나서 소리의 크기는 최소가 됩니다. 소리의 크기가 최고인 것과 최저인 것 사이에서 귀에 들리는 소리는 전음 효과를 냅니다.

맥놀이를 이해하기 위하여 보조를 거의 맞추면서 나란히 걷는 두 사람을 생각해 볼 수 있습니다.

어떤 순간에 두 사람의 발이 맞추어지다가 조금 후에는 보폭이 알맞게 되고 다시 조금 후에는 발이 맞추어지는 것과 같습니다. 다리가 긴 사람이 1분에 70발자국을 걷고 다리가 짧은 사람은 72발자국을 걷는다고 합시다. 곰곰이 생각해 보면 1분에 두 번씩 두 사람의 발이 맞추어진다는 사실을 알 수 있습니다. 일반적으로 두 사람이 다른 보조로 걸을 때 1분에 발이 맞는 수는 발의 진동수 차이와 같습니다. 두 소리굽쇠에서도 같은 현상을 발견할 수 있습니다. 소리굽쇠 한 개가 1초마다 262번 진동하고 다른 하나는 264번 진동한다면 두 소리굽쇠는 1초에 두 번씩 박자가 맞게 됩니다. 즉 2 헤르츠의 맥놀이를 들을 수 있고, 전체적으로는 평균 진동수인 263 헤르츠에 해당하는 음질이 됩니다.

빗살의 간격이 다른 두 개의 머리빗을 겹치면 맥놀이와 비슷한 물결무늬를 볼 수 있습니다. 단위 길이당 맥놀이 무늬의 수는 단위 길이당 두 빗의 빗살 수의 차이와 같습니다.

맥놀이는 모든 파동에서 일어날 수 있으며 실질적으로 진동수를 비교하는 방법으로 사용됩니다. 예로 피아노 조율을 들 수 있습니다. 피아노 조율사는 표준이 되는 소리굽쇠와 조율하려는 피아노와의 맥놀이 소리를 듣습니다. 이때 진동수가 동일하면 맥놀이는 없어집니다. 관현악단의 단원들은 자신의 악기를 조율할 때 피아노나 다른 악기의 표준음과의 맥놀이를 이용합니다.

돌고래가 주위에서 움직이고 있는 것들을 알아챌 때도 맥놀이를 이용합니다. 돌고래는 소리 신호를 내보내 반사음이 되돌아와 원래의 음과 만드는 맥놀이를 듣는 것입니다. 음파를 반사시키는 물체가 돌고래와 상대적으로 움직이지 않고 있다면 반사음의 진동수는 변화가 없으므로 맥놀이가 일어나지 않겠지만, 물체가 움직이고 있으면 어떨까요?

도플러 효과에 의하여 반사음의 진동수가 다르게 되어 반사음과 원래 음과 중첩하면서 맥놀이가 일어나겠지요.

라디오 방송

라디오 수신기는 소리를 내지만 음파를 수신하는 것은 아닙니다. 텔레비전과 같이 라디오 수신기는 진동수가 작은 빛인 전자기파를 수신합니다. 이러한 파동은 음파와 성질이 다를 뿐 아니라 사람이 들을 수 있는 한계를 넘는 매우 큰 진동수입니다.

모든 방송국은 방송하는 진동수가 각각 정해져 있습니다. 이 진동수로 전달되는 전자기파는 운반파입니다. 상대적으로 작은 진동수의 파동으로 전달될 음파는 훨씬 큰 진동수의 운반파와 다음 두 가지 원리로 중첩됩니다.

하나는, 음파의 진동수에 맞추어 운반파의 진폭을 변화시키는 방법이고, 또 하나는 음파의 진동수에 맞추어 운반파의 진동수를 변화시키는 방법입니다. 음파를 높은 진동수의 라디오파에 싣는 것을 변조라고 합니다. AM 방송 영역은 535킬로헤르츠에서 1,605킬로헤르츠까지 입니다. 운반파의 진동수가 변조된 것을 FM, 또는 진동수 변조라고 부릅니다. FM 방송 영역은 높은 진동수의 파동으로 88메가헤르츠부터 108메가헤르츠까지 입니다. 진폭 변조는 마치 한 가지 색깔의 전구의 밝기를 변화시키는 것과 같고, 진동수

변조는 같은 밝기의 전구 색깔을 변화시키는 것과 같습니다.

특정한 방송국에 라디오를 맞추는 것은 소리굽쇠의 날개 무게를 적당히 조절하여 다른 소리굽쇠에 공명이 되도록 하는 것과 같습니다. 방송국을 선택하는 것은 라디오 안의 전기회로의 진동수를 원하는 방송국의 주파수와 공명하도록 맞추는 것입니다. 즉 많은 운반파 중 하나를 분리해 내는 것이죠. 그리고는 운반파에 실린 음파를 증폭시켜 스피커에 입력시킵니다.

제4장

파동과 유체에 관한 사건

나파동 씨의 10년 연구

매질이 없다면 파동은 어떻게 될까요?

사건속으로

10년째 파동만을 연구하고 있는 나파동 씨는 드디어 그 연구의 막바지에 이르렀다.

먼저 그 연구에 대해 이야기하자면, 10년 전 어느 조용한 호수에서 시작되었다. 그때 나파동 씨는 한적한 호숫가에 집을 짓고 그곳에 머물며 파동에 관한 책을 읽곤 했다.

"난 파동을 연구할 운명을 타고났어! 아버지는 내가 파동을 연구할 것을 어떻게 알고 내 이름까지 이렇게 지으셨을까?"

나파동 씨는 머리에 책의 내용이 들어오지 않고 지끈거릴 때마다 한 번씩 호숫가를 산책했다. 그러고는 자신이 하고 있는 일을 되돌아보기도 하고, 자신을 다독이기도 하며 마음을 다잡았다.

하루는 나파동 씨가 왠지 공부에 집중이 되질 않아 여느 때처럼 호숫가로 나왔다. 그런데 그날따라 햇빛에 반사되어 반짝이는 많은 돌멩이들이 눈에 띄었다. 나파동 씨는 어릴 적 생각이 나 돌멩이 하나를 집어 들고, 그때 친구들과 했던 물수제비를 떴다.

통, 통 , 통.

돌멩이가 통통거리며 물위를 세 번이나 튀어 나갔다.

그 돌멩이를 바라보던 나파동 씨가 갑자기 모든 동작을 멈추고 호수에 시선을 고정했다.

"그래, 바로 이거야!"

나파동 씨는 무엇을 발견했는지 당장 호수 뒤 낮은 산으로 올라갔다. 산에 올라가는 내내 마주치는 사람들과 반갑게 인사도 했다.

그리고 마침내 산 정상에 오른 나파동 씨가 두 손으로 입가에 나팔을 만들어 소리쳤다.

"야호!"

그러자 산 반대편에서 '야호' 하는 메아리가 들려왔다. 나파동 씨는 아주 만족한 표정을 지었다.

잠시 후, 다시 정신없이 산을 내려온 나파동 씨가 이번에는 짐을 챙겨 일본으로 향했다.

"아버지! 저, 오늘 일본으로 떠나요. 일주일 뒤에 돌아올게요!"

갑작스런 아들의 전화에 놀란 아버지가 물었다.

"파동아, 그게 무슨 소리냐? 지금 일본은 지진 때문에 발칵 뒤집혔어! 네가 촌구석에 산다고 뉴스도 안 본 모양인데……."

나파동 씨가 들뜬 목소리로 대답했다.

"아버지! 저도 그 뉴스 봤어요! 그래서 가는 거예요!"

나파동 씨의 아버지가 무슨 까닭인지 물었다.

"뭐라고?"

나파동 씨는 설명하는 대신 다시 한 번 인사를 하고 서둘러 전화를 끊어 버렸다.

나파동 씨가 일본에 도착하고 보니 아버지의 말대로 그곳은 지진으로 발칵 뒤집혀 있었다.

"하지메마시떼(처음 뵙겠습니다)!"

"꺄!"

나파동 씨가 먼저 인사를 건넸지만 그곳 일본인들은 지진 때문에 정신이 없었던지라 반응이 시큰둥했다. 나파동 씨는 일본인들과 인사 나누는 것을 포기하고 흔들리는 땅 위를 걷기 시작했다.

일본인들이 나파동 씨를 보며 소리쳤다.

"위험하오메! 피하시모이다!"

그러나 나파동 씨는 그런 일본인들을 향해 태연하게 손을 흔들며 계속해서 길을 걸었다.

"괜찬쓰무이다! 제 연구의 일부이모이다!"

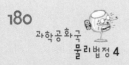

한편 나파동 씨가 걱정된 나파동 씨의 부모님은 하루 종일 TV 앞을 떠날 줄 몰랐다. 아들이 가 있는 일본 땅에서 무슨 일이 일어나고 있는지 걱정스러워 잠을 이룰 수도 없었다.

그때 나파동 씨의 어머니가 손가락으로 TV를 가리키며 말을 잇지 못했다.

"여보, 파…… 파동이!"

TV 화면에는 KSS방송국에서 파견 나간 아나운서 뒤로 땅 위를 걷고 있는 나파동 씨의 모습이 보였다.

"네, 여기는 일본 도쿄입니다. 한국인으로 보이는 30대 남자가 지진이 일어난 땅 위를 위험하게 걷고 있어, 일본 경찰이 신경을 곤두세우고 있습니다."

TV에서는 나파동 씨의 모습을 집중적으로 비췄다.

나파동 씨의 어머니가 땅을 치며 통곡하기 시작했다.

"아이고, 아이고, 파동이가 왜 저럴꼬!"

그러나 나파동 씨는 이번 일로 일본과 한국에서 유명 인사가 되었다.

일주일 뒤, 나파동 씨가 한국으로 돌아오자 이런저런 방송국에서 그의 무용담을 듣기 위해 몰려들었다.

"나파동 씨, 왜 그렇게 위험한 일을 하신 것입니까?"

"나파동 씨, 여기 한번 쳐다봐 주십시오!"

찰칵!

"나파동 씨, 저희 아침 프로그램에 한번 출연해 주십시오!"

그러나 나파동 씨는 모든 요청을 뿌리치고 다시 한적한 호수 집으로 돌아갔다. 그는 그동안의 연구를 하나씩 정리하며 그 결과를 세상에 발표할 날만을 기다렸다.

그렇게 10년을 공들인 나파동 씨의 연구는 이제 막바지에 이르렀던 것이다.

드디어 나파동 씨의 연구 결과가 완성되었다.

나파동 씨가 방송사에 전화를 걸었다.

"거기 KSS방송국이죠? 저, 나파동입니다."

전화를 받은 방송 관계자가 수화기를 막고 옆 사람에게 호들갑을 떨었다.

"네? 나파동 씨? 어머, 나파동 씨, 나파동 씨야!"

나파동 씨는 침착하게 우선 전화를 한 이유를 설명했다.

"제가 지난번 일본 지진 사건 때 위험을 무릅쓰고 연구했던 결과를 발표하려 합니다."

나파동 씨의 전화를 받은 방송 관계자가 절호의 기회라는 듯이 말했다.

"그게 정말이십니까, 나파동 씨? 저희가 단독 취재 할 수 있게 해 주신다면 사례는 충분히 해 드리겠습니다!"

나파동 씨는 흔쾌히 승낙하고 약속을 정했다.

"네, 좋습니다. KSS에서 제 모습을 저희 부모님께 전해 드렸으

니, 저도 그 보답을 해야겠지요. 오늘 오후 두 시에 방송국으로 찾아가 뵙겠습니다."

전화를 끊은 나파동 씨는 방송 출연이라는 말에 마음이 들떠 연구 결과를 챙기기 전에 우선 자신의 차림새에 신경을 썼다. 머리에는 무스를 바르고 얼굴은 화장까지 했다.

드디어 약속한 오후 2시.

방송국에는 특별 세트장에 나파동 씨의 자리가 마련되어 있었다. 나파동 씨가 자리에 앉자 조명이 밝혀지고 카메라가 돌아갔다. 그 방송은 전파를 통해 전국으로 생방송 되고 있었다.

"지금부터 '나파동의 연구 결과 발표'가 있겠습니다. 나파동 씨, 시작해 주시죠."

사회자가 마이크를 나파동 씨에게 넘겼다.

"아아, 그러니까 제 연구 결과는 이렇습니다. 돌을 물에 던지면 파문이 일지요. 이것으로 저는 물이 매질이 되어 생긴 파동이라는 것을 알아냈습니다. 마찬가지로 소리는 공기가 매질이 되어 생긴 파동이라 할 수 있지요. 또 지진은 땅이 매질이 되어 생긴 파동입니다. 그러므로 모든 파동은 매질이 있어야 하고 매질을 통해 파동이 퍼져 나가는 것입니다. 이상 제 연구 결과 발표였습니다."

나파동 씨의 연구 결과는 생각 외로 아주 짧고 간단했다. 연구 결과 발표 시간을 한 시간으로 잡았던 방송 관계자들은 당황해하며 대체 프로그램을 내보내느라 정신없었다.

집에서 이 방송을 보고 있던 나파동 씨의 부모님은 아들이 화면에 좀 더 오래 나오지 않는 것을 안타까워하며 TV를 껐다.

그런데 다음 날, GSS방송국에서 '아인 박사의 발표'라는 특보가 방송되었다.

아인 박사가 카메라를 잡아먹을 듯이 노려보며 또박또박 말하기 시작했다.

"저는 나파동 씨를 허위 연구 결과 발표로 물리법정에 고소하는 바입니다."

아인 박사의 첫마디로 전국이 술렁이기 시작했다.

아인 박사가 한껏 목소리에 힘을 주고 외쳤다.

"빛은! 매질이 없는데도 파동입니다!"

아인 박사의 발표에 국민들은 어느 장단에 맞춰야 될지 몰라 하며 혼란스러워했다. 어떤 사람들은 나파동 씨가 국민을 상대로 사기를 쳤다며 분노하는가 하면, 또 어떤 사람들은 나파동 씨와 아인 박사의 합동 자작극이라며 아예 관심을 두지 않았다.

결국 물리법정은 사회의 안정을 위해 이 사건을 다루기로 했다.

파동이란 물질의 한 부분에서 생긴 진동이 규칙적으로
옆으로 퍼져 나가는 현상을 일컫습니다.

여기는 물리법정

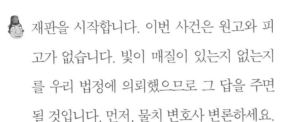

파동이란 무엇일까요?
그리고 매질이 없는 파동도 있을까요?
물리법정에서 알아봅시다.

재판을 시작합니다. 이번 사건은 원고와 피고가 없습니다. 빛이 매질이 있는지 없는지를 우리 법정에 의뢰했으므로 그 답을 주면 될 것입니다. 먼저, 물치 변호사 변론하세요.

파동은 매질이 진동하여 옆으로 퍼져 나가는 현상입니다. 그런데 매질이 없는 파동이 있다니요? 이 말은 이치에 벗어납니다.

피즈 변호사도 같은 의견인가요?

전 생각이 다릅니다. 먼저 파동과학연구소의 이출렁 박사를 증인으로 요청합니다.

출렁거리는 뱃살의 사나이가 증인석으로 어기적거리며
걸어 들어왔다.

증인이 하는 일은 무엇입니까?

물질의 파동에 대한 연구를 하고 있습니다.

물질의 파동에 대해 설명해 주세요.

물질의 한 부분에서 생긴 진동이 규칙적으로 옆으로 퍼져 나가

는 현상을 '파동'이라고 합니다. 이때 파동이 발생한 부분을 '파원', 파동을 전달해 주는 물질을 '매질'이라고 부르지요.

그럼 모든 파동에는 매질이 있나요?

대부분의 파동은 매질이 진동하여 만들어집니다. 즉 줄을 흔들면 줄이 매질이 되는데, 매질의 진동이 파동을 만들지요. 하지만 빛은 예외입니다. 빛은 매질이 없거든요.

정말 없습니까?

만일 빛이 매질의 진동에 의해 전해진다고 가정해 봅시다. 그럼 모순이 생깁니다.

어떤 모순이죠?

태양에서 지구로 빛이 오지요?

당연하죠.

태양과 지구 사이의 우주 공간에는 아무 물질도 없잖아요? 그런데 빛은 지구로 오고 있지 않습니까? 이게 바로 빛이라는 파동이 매질이 없는 증거지요.

그렇군요.

 파동과 매질

파동이란 물질의 한 곳(파원)에서 생긴 진동이 물질(매질)을 따라 퍼져 나가는 현상을 말합니다. 여기에서 매질은 파동을 전달하는 물질을 말하는 것으로, 물결파는 물, 소리는 공기, 지진파는 지각이 각각의 매질에 해당됩니다.

 그렇다면 모든 파동에 매질이 있다는 것은 그리 좋은 표현이 아닌 것 같습니다. 앞으로는 '빛을 제외한 모든 파동은 매질이 있다' 로 고쳐 쓰는 것이 좋겠어요. 이상으로 판결을 마무리합니다.

라디오 방송의 수신료

전파는 어떻게 이동할까요?

과학공화국 전체에 복고풍이 유행하면서 TV에 밀려 몇 년 전에 사라져 버렸던 라디오 방송이 다시 주목을 받기 시작했다. 과학공화국의 주요 도시마다 라디오 송·수신탑이 세워지고, 전자 상가마다 MP3에 밀려 자취를 감췄던 라디오들이 다시 모습을 드러냈다.

어른들은 라디오 방송을 들으며 흘러간 옛 추억들을 음미했고, 10대와 20대의 젊은이들도 TV와는 전혀 다른 라디오 방송만의 매력에 흠뻑 빠져 들었다.

"역시 유행은 돌고 도는 건가 봐. 라디오 방송이 다시 인기를 끌게 될 줄 누가 알았겠어?"

"내 말이 그 말이야. 우리 집에서는 나보다 아이들이 라디오 방송을 더 좋아해."

이처럼 라디오 방송이 전 연령층에 걸쳐 폭넓은 사랑을 받게 되자 인기 스타의 기준도 서서히 바뀌었다. 사람들이 TV를 주로 시청하던 시절에는 소위 얼짱, 몸짱 스타들이 인기를 끌었지만, 이제는 목소리가 좋은 스타들이 더 큰 사랑을 받았다. 각종 시상식에서도 '올해 최고의 목소리상'을 마련할 정도였다.

해를 거듭할수록 라디오 방송의 인기가 더해지자 각 라디오 방송국들은 방송 수신료를 인상하기 시작했다. 처음에는 사람들이 눈치 채지 못할 정도로 조금씩 인상하더니, 얼마 지나지 않아 라디오 방송 수신료가 휴대전화 요금보다 더 비싸져 버렸다.

이미 라디오 방송을 듣지 않고서는 하루도 지낼 수 없게 되어 버린 과학공화국 사람들은 울며 겨자 먹기로 비싼 라디오 방송 수신료를 지불할 수밖에 없었다. 덕분에 각 라디오 방송국들은 돈방석에 앉게 되었다.

"라디오 방송 덕분에 이렇게나 많은 돈을 모았어, 음하하하. 오늘은 사랑스러운 라디오 송·수신탑 주위나 한번 시찰해 볼까."

불룩한 배를 쓰다듬으며 탑이 있는 곳에 도착한 잘들어 라디오 방송국의 돈주앙 사장은 뜻밖의 광경에 깜짝 놀라고 말았다. 탑 주위에 몰려든 사람들이 노트북을 이용해 라디오 방송을 듣고 있었

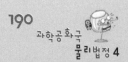

던 것이다.

돈주앙 사장이 그 사람들에게 따지듯 말했다.

"당신들 대체 뭣들 하는 짓이오? 이런 식으로 수신료를 내지 않고 몰래 라디오 방송을 듣고 있다니!"

사람들 역시 지지 않고 말했다.

"라디오 방송 수신료가 너무 비싸서 어쩔 수가 없어요!"

돈주앙 사장이 말이 되지 않는다며 소리쳤다.

"핑계 대지 말아요! 수신료를 내지 않고 내 방송국의 프로그램을 듣고 있는 당신들을 모두 고소해 버리겠소!"

돈주앙 사장은 수신료를 내지 않고 라디오를 듣고 있던 사람들을 물리법정에 고소했다.

라디오파와 같은 전파는 가시광선보다 파장이 길기 때문에
우리 눈에 보이지 않습니다.

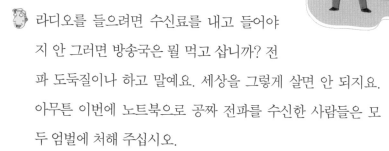

수신료를 내지 않고 어떻게
라디오 방송을 들을 수 있을까요?
물리법정에서 알아봅시다.

 재판을 시작합니다. 먼저, 피고 측 변론하
세요.

라디오를 들으려면 수신료를 내고 들어야
지 안 그러면 방송국은 뭘 먹고 삽니까? 전
파 도둑질이나 하고 말예요. 세상을 그렇게 살면 안 되지요.
아무튼 이번에 노트북으로 공짜 전파를 수신한 사람들은 모
두 엄벌에 처해 주십시오.

원고 측, 변론하세요.

전파과학연구소의 전자파 박사를 증인으로 요청합니다.

며칠 동안 머리를 감지 않아 머리가 삐죽삐죽 선 남자가
증인석에 앉았다.

 증인이 하는 일은 무엇입니까?

 전파를 연구합니다.

 전파가 뭐죠?

 파장이 아주 긴 빛이라고 생각하면 됩니다.

 얼마나 긴데요?

우리 눈에 보이는 빛을 가시광선이라고 하는데, 파장이 0.3나노미터(nm)에서 0.7나노미터(nm)의 범위에 있는 빛이죠.

나노미터란 어떤 기호인가요?

나노미터란 아주 작은 길이를 나타내는 단위로, 1나노미터는 10억분의 1미터를 말하지요. 이때, 파장이 0.6에서 0.7나노미터에 가까우면 빨강색이 되고, 파장이 0.4에서 0.5나노미터이면 파랑색이 되지요. 즉 우리는 0.4에서 0.7나노미터 정도의 파장을 가진 빛만을 눈으로 볼 수 있죠. 그런데 전파는 파장이 아주 길어서 눈에 보이지 않는 빛을 말해요.

그럼 라디오파는 파장이 아주 긴가요?

물론입니다. 파장이 수센티미터 정도로 아주 길지요.

그럼 노트북에 라디오 방송이 잡히는 건 왜죠?

라디오파는 공기 중에 많이 떠돌아다니고 있습니다. 물론 매질이 없으니까 우리 눈에는 보이지 않지요. 그런데 라디오파는 특히 송·수신탑 주위에 아주 많이 돌아다니죠. 그리고 노트북 속에는 앰프가 있는데, 이것이 라디오파를 받아들여 소리로 바꿔 주지요. 그래서 송·수신탑 근처에 노트북을 가지고 가면 라디오 소리가 들리는 것입니다.

그럼 어차피 공중을 떠돌아다니는 전파이므로 누구나 받으면 되겠네요?

하지만 방송을 만든 사람을 생각해야죠. 많은 제작비를 들여

프로그램을 만들었는데 그에 대한 대가를 치루지 않고 탑 근처에 와서 방송을 들으면 만든 쪽 입장에서는 손해를 볼 수 있겠지요.

그렇겠군요.

피즈 변호사, 인정한 건가요? 이번에는 당신이 졌어요. 전파가 아무리 공중을 마구 돌아다닌다 해도 그 전파에 아름다운 음악이나 소리를 실은 사람들의 노력을 비용 없이 이용할 수는 없는 것이죠. 그러므로 앞으로 송·수신탑 근처에서 노트북으로 라디오를 수신하는 행위를 엄벌에 처하겠습니다.

 나노미터(nanometer)

빛의 파장을 나타내는 단위로, 1나노미터는 1미터의 10억분의 1이며 기호는 nm입니다.

쌩쌩시 시장의 묘안

무인 과속 측정기는 어떻게 속도를 측정할까요?

쌩쌩시는 과학공화국에서 교통사고 발생률이 가장
높은 도시이다. 특히 과속으로 인한 교통사고가 전
체 교통사고의 80퍼센트를 차지한다. 쌩쌩시의 시
장은 과속을 줄이기 위해 갖은 노력을 해 왔으나,
경찰 인원이 턱없이 부족해 모든 도로를 감시할 수가 없었다. 사람
들은 경찰이 없는 곳에서 여전히 과속을 일삼았고, 쌩쌩시의 교통
사고 발생률은 좀처럼 줄어들지 않았다.

'예산이 부족해 경찰 인원수를 더 늘릴 수도 없고……. 역시 그
방법뿐인가?'

교통사고 발생률을 줄이기 위해 고심하던 쌩쌩시의 시장은 마침내 특단의 조치를 취하기로 했다.

"시민 여러분, 과속으로 인한 교통사고를 줄이기 위해 쌩쌩시에 무인 속도 측정기를 설치하기로 했습니다. 앞으로 이 무인 속도 측정기에 찍힌 과속 차량의 주인에게는 엄청난 벌금을 부과할 것이니 협조해 주시기 바랍니다."

쌩쌩시의 시장은 과학공화국에서 최초로 무인 속도 측정기를 도입할 것임을 사람들에게 발표했다. 하지만 무인 속도 측정기에 대해 제대로 알지 못했던 사람들은 시장의 말에 크게 신경 쓰지 않는 눈치였다.

쌩쌩시에 무인 속도 측정기가 설치되고 일주일 정도 지나자, 거의 대부분의 시민들에게 과속 벌금 청구서가 날아들었다.

"아니, 이게 뭐야? 과속 벌금 청구서라니!"

"벌금이 대체 얼마야?"

청구서에 적힌 엄청난 벌금 액수에 놀란 쌩쌩시 사람들이 시장에게 달려가 항의했다.

"무슨 벌금이 이리도 많아요?"

"내가 그 거리를 지나갔을 때 분명 아무도 없었는데, 과속을 했는지 하지 않았는지 어떻게 알 수 있죠?"

"괜히 세금을 많이 거두려고 엉터리 기계를 설치한 게 아닙니까?"

쌩쌩시 사람들은 생전 처음 보는 무인 속도 측정기를 믿을 수 없다며 시장에게 이 장치의 원리에 대해 설명해 줄 것을 요구했다. 하지만 과학에 문외한이었던 쌩쌩시의 시장이 무인 속도 측정기의 원리에 대해 제대로 설명하지 못하자 사람들은 벌금을 내지 않겠다고 우기기 시작했다.

결국 쌩쌩시 시장은 물리법정에 도움을 요청했고, 물리법정에서는 무인 속도 측정기의 원리에 대해 다루게 되었다.

무인 카메라는 차에 반사되어 돌아오는 레이저 빛의
파장을 보고 속도를 측정합니다.

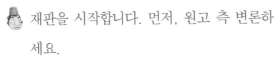

여기는 물리법정

무인 속도 측정기의 원리는 뭘까요?
물리법정에서 알아봅시다.

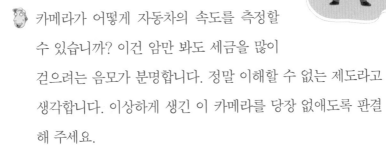

🎩 재판을 시작합니다. 먼저, 원고 측 변론하
세요.

😃 카메라가 어떻게 자동차의 속도를 측정할
수 있습니까? 이건 암만 봐도 세금을 많이
걷으려는 음모가 분명합니다. 정말 이해할 수 없는 제도라고
생각합니다. 이상하게 생긴 이 카메라를 당장 없애도록 판결
해 주세요.

🎩 판결은 피고 측의 변론을 듣고 하도록 합시다. 피고 측, 변론
하세요.

😃 속도측정연구소의 나빨라 박사를 증인으로 요청합니다.

깡마른 체구의 30대 초반의 남자가 쏜살같이 증인석으로
뛰어 들어왔다.

🎩 무인 속도 카메라에 대해 설명해 주세요.

😀 무인 속도 카메라는 도플러 효과를 이용하여 자동차의 속도
를 측정합니다.

🎩 도플러 효과에 대해 설명해 주세요.

움직이는 물체에서 발생한 파동의 파장은 정지한 물체에서 발생한 파동의 파장과 다릅니다. 즉 관찰자에게 다가오면서 파동을 내보내면 파장이 짧아지고 관찰자에게서 멀어지면 파장이 길어지는데, 이것을 도플러 효과라고 합니다.

그걸로 어떻게 차의 속도를 잴 수 있습니까?

무인 속도 카메라에서 차를 향해 레이저라는 빛이 발사됩니다. 그럼 달려오는 차에서 반사된 빛은 그 달리는 속도만큼 파장이 짧아지는데, 파장이 짧아진 정도를 측정하여 달려오는 차의 속도를 잴 수 있는 거죠.

그럼 정확한 속도를 잴 수 있겠군요?

물론입니다.

 아무튼 우리 공화국 사람들이 얼마나 속도를 내어 차를 몰았으면 이런 카메라까지 설치했을까요? 제발 여유를 갖고 차 좀 천천히 몰도록 합시다. 오늘의 결론은 무인 속도 카메라에 기록된 차의 속력은 과학적으로 믿을 수 있다고 판결합니다.

 도플러 현상의 발견

도플러 현상은 오스트리아 출신의 과학자 도플러(1803~1853)에 의해 1842년에 처음으로 발견되었습니다. 도플러는 또한 같은 파동의 일종인 빛에서도 이와 같은 현상이 나타나리라고 생각했습니다. 실제로 도플러 효과가 파동으로 되어 있는 모든 현상에서는 다 성립이 가능할 것을 알아차린 것이죠. 도플러 효과를 이용한 것으로 자동차의 속도를 감지하는 스피드건, 투수의 투구 속력을 확인하는 기계 등이 있습니다.

가방 속의 수정 칼을 찾아라

가방을 열지 않고도 가방 속을 볼 수 있을까요?

사건속으로

잘나가는 무역 회사에 다니는 다모아 씨에게는 남모를 비밀이 한 가지 있었다. 바로 괴상한 물건들을 수집하는 취미 생활이었다.

다모아 씨의 비밀스러운 취미 생활은 어릴 때부터 시작되었다. 초등학생 시절에는 온갖 종류의 과자 봉지와 빈 음료수 캔을 모았고, 중학생이 되고 나서는 숟가락을 수집했다. 고등학생 때는 과학공화국에 있는 모든 해수욕장의 모래를 유리병에 하나하나 담아 이름표를 붙여 모았으며, 대학생이 되어서는 전국에 있는 중국집의 나무젓가락을 모으기도 했다. 그리고 무역 회사

에 취직한 뒤로는 해외 출장을 다니면서 각 나라의 온갖 특이한 물
건들을 끌어 모았다.

다모아 씨의 이런 취미 생활에 진저리가 난 가족들이 모두 말려
보았으나 아무 소용이 없었다.

잘나가는 무역 회사에 입사한 지 2년째 되던 해였다. 다모아 씨
가 세계에서 진귀한 물건이 가장 많기로 소문난 신기해 나라로 출
장을 떠나게 되었다. 평소 그 나라의 특산품인 손가락 크기의 수정
칼을 탐내던 다모아 씨는 기뻐 어쩔 줄을 몰랐다.

드디어 출장을 떠나는 날, 다모아 씨는 두근거리는 마음으로 비
행기에 올랐다. 신기해 나라까지는 대여섯 시간이 걸렸다. 다모아
씨는 얼른 업무를 처리하고 신기해 나라에서 최고로 유명하다는
다있어 벼룩시장에 가서 꿈에 그리던 수정 칼을 구입했다.

꿈에 그리던 수정 칼을 손에 넣은 다모아 씨는 다시 과학공화국
으로 돌아가기 위해 공항으로 갔다. 그런데 문제가 있었다. 입국할
때는 없던 검색대가 공항 입구에 세워져 있었던 것이다.

다모아 씨가 한 동료에게 물었다.

"저게 뭐죠?"

동료가 대답했다.

"아, 저건 X선 검색대랍니다. 요즘 신기해 나라에서 수출이 금지
된 수정 칼을 해외로 가져가는 몰상식한 사람들이 있어서 설치했
다더군요."

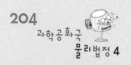

아뿔싸. 바로 그 수정 칼을 구입한 다모아 씨는 얼른 화장실을 찾았다.

'후훗, 이렇게 하면 절대로 걸리지 않겠지?'

다모아 씨는 트렁크를 열고 속옷 사이에 수정 칼을 숨겼다. 그러고는 당당하게 X선 검색대를 통과했다.

삐.

다모아 씨가 X선 검색대를 통과하자마자 시끄러운 경보음이 울렸다. 경보음을 들은 공항 요원이 다모아 씨의 짐을 뒤지려 했다.

다모아 씨가 공항 요원들의 수색을 완강하게 거부했다.

"고작 X선 따위로 뭘 알 수 있단 말이에요? 내 짐을 뒤졌다가는 가만두지 않겠어요."

다모아 씨와 공항 직원들은 서로 한 치의 양보도 없이 팽팽하게 대립했고, 결국 물리법정에서 이 사건을 다루게 되었다.

X선을 가방에 쏘여 주면 물건이 너무 뭉쳐 있고 단단해서 뚫지 못하는 경우 반사가 됩니다. 이때 반사된 X선을 전기 신호로 바꾸면 모니터를 통해 그것이 무엇인지 확인할 수 있습니다.

과학공화국
물리법정 4

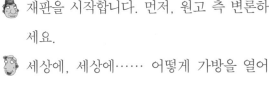
X선은 어떻게 안 보이는
가방 속을 볼 수 있을까요?
물리법정에서 알아봅시다.

 재판을 시작합니다. 먼저, 원고 측 변론하
세요.

세상에, 세상에…… 어떻게 가방을 열어
보지도 않고 가방 속의 내용물을 알 수 있
나요? 이건 정말 말도 안 돼요. 공항 사람들이 초능력자입니
까? 말도 안 되는 사기극이라고요.

 피고 측, 변론하세요.

 방사선연구소의 엑스라 박사를 증인으로 요청합니다.

온통 X자 무늬가 새겨진 티셔츠를 입은 30대의 남자가
증인석으로 들어왔다.

 정말 가방을 열지 않고 볼 수 있나요?

 물론입니다. X선을 이용하면 됩니다.

 X선이라니, 그게 뭐죠?

 우리 눈에 보이는 빛 중에서는 보랏빛의 파장이 가장 짧아요.
그보다 파장이 짧아지면 자외선이 되는데, 자외선보다 파장
이 더욱 짧아 우리 눈에 안 보이는 빛이 바로 X선입니다.

🧑 그건 뭐에 쓰이지요?

🧑 X선은 가시광선과 달리 물체의 내부를 통과하는 능력이 있습니다.

🧑 모든 물체에 대해서 말입니까?

🧑 그렇지는 않아요. 가방 천처럼 얇은 물질은 가능하지만 금속처럼 단단한 물질은 투과하지 못하지요.

🧑 그럼 어떻게 가방 속을 투과하는지 설명해 주세요.

🧑 가방에 X선을 쪼여 주면 X선은 가방 천을 투과해 들어갑니다. 그런데 가방 안의 물건들은 너무 뭉쳐 있고 단단해서 뚫지 못하니까 반사가 되지요. 하지만 이 빛은 우리 눈으로 분

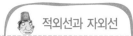

적외선과 자외선

빛은 여러 가지로 나뉘어 각각의 특성을 가지게 되는데, 그중 우리 눈에 보이는 빛이 바로 가시광선입니다. 가시광선이란 눈으로 보이는 빛의 영역을 의미합니다. 태양 빛을 프리즘으로 분산시켜 보면 무지갯빛으로 나뉘게 되는데, 이러한 빛을 '가시광선'이라고 합니다. 그런데 이러한 가시광선 외에도 태양 빛에는 눈에 보이지 않는 빛이 섞여 있습니다. 프리즘으로 분산시켜 얻은 태양 빛 중 빨간빛 바깥쪽으로도 눈에 보이지 않는 빛이 존재합니다. 이 빛은 빨간색(적색) 바깥쪽에 나타나기 때문에 '적외선'이라 부릅니다. 이러한 적외선은 열 작용이 강합니다. 난로나 불가마와 같이 뜨거운 열원에서도 나오게 됩니다. 이러한 열원의 적외선을 측정하여 물체를 확인하는 것이 적외선 망원경입니다. 이것은 물체에서 발광되는 적외선을 추적하여 물체의 형상을 확인할 수 있기 때문에, 야간에 쉽게 물체를 확인할 수 있습니다. 그리고 보라색(자색) 바깥쪽에도 보이지 않는 빛이 있는데, 이것을 '자외선'이라 합니다. 자외선은 파장이 짧아 강력한 에너지를 가지고 있습니다. 그래서 여름에 자외선을 많이 쬐면 피부에 좋지 않은 영향을 끼치는 등 문제가 되기도 하지만, 자외선이 갖는 높은 에너지를 이용하면 살균기 같은 도움되는 물건을 만들 수 있습니다.

별하여 알아볼 수 없으니까 모니터를 이용해 전기 신호로 바꾸어 보이게 하는 거지요.

그럼 가방을 열지 않고 가방 속을 보았다고 할 수 있겠군요.

그렇다니까요.

다모아 씨의 주장에 대해 한마디 하겠습니다. 앞으로 다모아 씨는 과학의 힘으로 사람의 눈이 보지 못하는 곳을 볼 수 있다는 것을 믿기 바랍니다. 덧붙여 눈에 보이는 것만이 모두는 아니라는 말도 해 주고 싶습니다.

미숫가루 음료를
만드는 두 가지 방법

미숫가루를 잘 풀어지게 하는 비법은 무엇일까요?

쩽쩽.

　　뜨거운 태양이 과학공화국을 삼켜 버릴 듯한 기
세로 이글거렸다. 원래 과학공화국의 여름은 무덥
기로 소문이 자자했지만, 올해는 특히 더 심했다.

"헉헉, 오늘도 날씨가 굉장한걸."

"너무 더워서 입맛까지 싹 달아났어."

　　"나도 그래. 이런 날은 얼음을 동동 띄운 시원한 미숫가루 한 잔
마시면 딱 좋은데 말이야."

　　신호등이 바뀌기를 기다리며 사람들이 하는 이야기를 듣던 단짝

친구 이소탈 양과 주까탈 양이 건너편 신호등 근처에 미숫가루 전문점이 있는 것을 보았다.

이소탈 양이 의견을 물었다.

"까탈아, 마침 저기 미숫가루 전문점이 있어. 우리 한번 가 볼까?"

미숫가루 전문점의 출입문을 열자 종업원이 반갑게 인사했다.

"어서 오세요, 미숫가루 전문점 휘저어입니다. 뭘 드시겠어요?"

주까탈 양이 주문했다.

"달콤해 미숫가루 두 잔 주세요."

잠시 뒤, 앞치마를 두른 종업원이 미숫가루 두 잔을 가져왔다.

목이 말랐던 이소탈 양은 미숫가루 잔을 들어서는 숨도 쉬지 않은 채 한꺼번에 반 이상을 마셨다. 반면 주까탈 양은 한 모금 마셔 보더니 인상을 찌푸렸다.

"소탈아, 미숫가루 맛이 좀 밍밍하지 않아?"

이소탈 양이 잘 모르겠다는 듯이 입맛을 다시며 대답했다.

"글쎄, 난 급하게 마셔서 잘 모르겠는데."

주까탈 양이 역시 입맛을 다시며 말했다.

"미숫가루 특유의 고소한 맛이 나질 않아. 이것 봐, 잘 저어지지 않아서 덩어리째 그대로 있잖아."

평소 깐깐하기로 소문난 주까탈 양은 종업원에게 미숫가루가 제대로 저어지지 않았으니 다시 저어 달라고 했다.

종업원이 새로 저어 온 미숫가루를 주까탈 양에게 건넸으나, 잔에는 여전히 덩어리진 게 보였다.

주까탈 양이 그것들을 가리키며 말했다.

"정말 저어 온 게 맞아요? 덩어리가 그대로 있잖아요. 다시 만들어 주세요."

주까탈 양의 말에 주방장이 직접 나와 긴 숟가락으로 유리컵에 들어 있던 미숫가루를 동그라미 모양으로 휘저었다.

"손님, 이것 보세요. 원래 미숫가루는 아무리 저어도 덩어리가 들어 있는 게 정상이에요. 그러니 그냥 드시죠."

주까탈 양이 말도 안 된다면 따졌다.

"이걸 그냥 먹으라니, 무슨 말이에요!"

주방장의 성의 없는 태도에 기분이 상한 주까탈 양은 미숫가루도 제대로 풀어 팔지 않는 가게는 전문점이라는 간판을 달 자격이 없다며, 물리법정에 휘저어 가게를 고소했다.

원을 그리면서 저으면 물의 움직임이 일정하여
미숫가루가 잘 풀어지지 않고, W 자를 그리면서 저으면
난류 운동이 활발해져 미숫가루가 잘 풀어집니다.

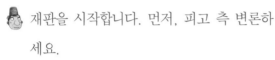

미숫가루는 어떻게 저어야
덩어리가 잘 풀어질까요?
물리법정에서 알아봅시다.

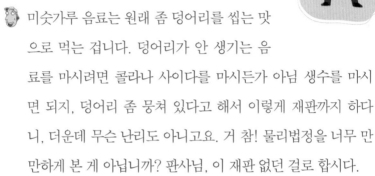

재판을 시작합니다. 먼저, 피고 측 변론하
세요.

미숫가루 음료는 원래 좀 덩어리를 씹는 맛
으로 먹는 겁니다. 덩어리가 안 생기는 음
료를 마시려면 콜라나 사이다를 마시든가 아님 생수를 마시
면 되지, 덩어리 좀 뭉쳐 있다고 해서 이렇게 재판까지 하다
니, 더운데 무슨 난리도 아니고요. 거 참! 물리법정을 너무 만
만하게 본 게 아닙니까? 판사님, 이 재판 없던 걸로 합시다.

그건 내가 결정합니다. 원고 측, 변론하세요.

유체연구소의 자흘러 박사를 증인으로 요청합니다.

팔뚝에 털이 많은 사내가 증인석으로 천천히 걸어 들어
왔다.

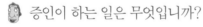

증인이 하는 일은 무엇입니까?

유체를 연구합니다.

유체란 무엇입니까?

흐르는 성질이 있는 물질입니다.

과학공화국
물리법정 4

 액체 말인가요?

기체도 흐르는 성질이 있고, 일부 고체 중에도 흐르는 성질이 있는 물질이 있습니다.

고체에도 그런 성질이 있나요?

그렇습니다. 지구 속 맨틀은 고체 상태이지만 흐르는 성질이 있는 유체입니다.

그렇군요. 그럼 이번 사건과 연관해 설명해 주실 점이 있나요?

미숫가루 음료 말이죠?

네, 덩어리가 생기지 않도록 잘 젓는 방법이 있습니까?

물론, 있습니다.

그게 뭐죠?

W 자 모양으로 저으면 됩니다.

좀 더 자세히 설명해 주세요.

유체가 흐르는 것을 유동이라고 합니다. 유동에는 잔잔한 시냇물이 흐르는 것과 같은 층류 운동과 장마철에 시냇물이 소

유체

유체는 흐르는 물질이라는 뜻으로 기체와 액체를 뜻합니다. 물체는 보통 고체·액체·기체의 3가지로 분류되는데, 그중 액체와 기체는 쉽게 변형되는 성질을 공유하기 때문에 운동 방식도 비슷합니다. 즉, '흐른다'는 것이 유체 운동의 특징입니다. 그리고 유체의 운동을 연구하는 것을 '유체역학'이라고 부릅니다.

용돌이치며 흐르는 것과 같은 난류 운동이 있지요. 그런데 W
자 모양으로 저으면 난류 운동이 활발해져 미숫가루가 잘 풀
어지게 됩니다. 반면에 원을 그리면서 저으면 물의 움직임이
일정하여 난류가 잘 만들어지지 않습니다.

그런 좋은 방법이 있었군요. 그럼 판사님, 판결을 부탁합니다.

미숫가루 가게에서 유체의 운동에 대한 공부를 하지 않다니,
너무 준비 부족 아닙니까? 우리 과학공화국에서는 어떤 직업
을 가지든지 그 직업에 관한 과학적 지식을 완벽하게 알고 있
어야 한다는 것이 원칙입니다. 그런 의미에서 볼 때 이번 미
숫가루 사건에 대해서는 미숫가루 가게 쪽의 책임이 더 크다
고 말할 수밖에 없습니다.

달에서 날린 변화구

달에서 변화구를 던질 수 없는 까닭은 무엇일까요?

사건속으로

과학공화국과 사회공화국은 우호적인 관계를 유지
하고 있지만, 야구 경기에서만큼은 한 치의 양보도
없는 라이벌 관계였다. 어느 정도 라이벌인가 하
면, 100년 전부터 매년 가을마다 야구 월드컵이 개
최되었는데 두 나라는 모두 50승 50패의 전적을 기록하고 있었다.
이번 가을의 101회 야구 월드컵을 둘러싼 두 나라 국민들의 관심
이 그 어느 때보다 뜨거운 것도 그 때문이었다.

　야구 월드컵 협회에서 달나라에서 결승전을 치르겠다고 선언한
것도 그런 두 나라의 관계를 의식해서였다.

"드디어 내일, 우리 과학공화국이 숙명의 라이벌 사회공화국과 야구 월드컵 결승전을 치르게 됩니다. 결승전은 모두 알고 계신 것처럼 달나라에 있는 문스타디움에서 진행됩니다. 많은 응원 부탁드립니다. 이상, 메뚝 아나운서였습니다."

야구월드컵협회에서는 만약 어느 한 나라에서 경기를 치르게 되면 어떤 사고가 일어날지도 모른다고 판단해 달에 장소를 정했던 것이다.

드디어 결승전 날.

과학공화국의 선발 투수는 화려한 폭포수 커브볼을 주무기로 하는 노안타 선수였다. 역대 과학공화국 야구 대표팀 투수 중 가장 낙차 큰 커브볼을 구사하는 노안타 선수의 공을 치기란 낙타가 바늘구멍을 통과하는 것보다 어렵다고 알려져 있었다.

과학공화국 야구 대표팀의 우승만 감독은 노안타 선수의 어깨를 두드리며 믿음을 보였다.

삐…….

휘슬 소리와 함께 드디어 경기가 시작되었다.

노안타 선수가 혼신의 힘을 다해 공을 던졌다. 어라, 이게 웬일인가. 노안타 선수의 손에서 벗어난 공은 커브볼이 아니었다.

당황한 노안타 선수가 정신을 가다듬고 다음 공을 던졌다. 그러나 결과는 먼저 것과 마찬가지였다.

커브볼을 던지지 못하는 노안타 선수는 더 이상 위협적이지 않

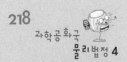

았다. 사회공화국의 선수들은 쉬지 않고 안타를 만들어 냈고, 결국 101회 야구 월드컵 결승전은 16대 5로 사회공화국이 승리했다.

과학공화국의 우승만 감독이 도저히 믿을 수 없다는 표정을 지었다.

"말, 말도 안 돼."

그러고는 야구월드컵협회에 찾아가 항의했다.

"평소 커브볼만 던지던 우리 노안타 선수가 이번 경기에서는 단하나의 커브볼도 던지지 못했습니다. 어떤 음모가 있었던 게 분명해요!"

야구월드컵협회에서는 그럴 리가 없다며 되받아쳤다.

"경기에 졌으면 깨끗하게 승복을 해야지, 이게 뭐 하는 짓인가!"

하지만 과학공화국의 우승만 감독은 이번 경기에 대해 도무지 납득할 수 없었다.

결국 우승만 감독은 물리법정에 그 비밀을 풀어 달라고 요청했다.

야구공에 회전을 걸어 주면 야구공 주위의 공기에
흐름의 차이가 발생하여 한쪽으로 휘어지게 됩니다.

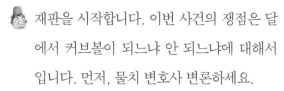

달에서는 커브볼이 안 던져질까요?
물리법정에서 알아봅시다.

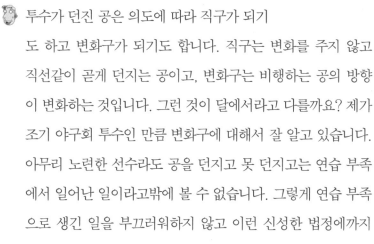

재판을 시작합니다. 이번 사건의 쟁점은 달에서 커브볼이 되느냐 안 되느냐에 대해서입니다. 먼저, 물치 변호사 변론하세요.

투수가 던진 공은 의도에 따라 직구가 되기도 하고 변화구가 되기도 합니다. 직구는 변화를 주지 않고 직선같이 곧게 던지는 공이고, 변화구는 비행하는 공의 방향이 변화하는 것입니다. 그런 것이 달에서라고 다를까요? 제가 조기 야구회 투수인 만큼 변화구에 대해서 잘 알고 있습니다. 아무리 노련한 선수라도 공을 던지고 못 던지고는 연습 부족에서 일어난 일이라고밖에 볼 수 없습니다. 그렇게 연습 부족으로 생긴 일을 부끄러워하지 않고 이런 신성한 법정에까지 들고 오다니요. 창피한 줄 알아야죠.

참고하겠어요. 그럼 피즈 변호사의 의견을 말해 주세요.

커브연구소의 이회전 박사를 증인으로 요청합니다.

호리호리한 몸매의 30대 초반의 사나이가 증인석으로 들어왔다.

증인이 하는 일은 무엇입니까?

변화구에 대해 과학적으로 연구하고 있습니다.

우선 결론부터 묻겠습니다. 달에서는 변화구를 던질 수 없습니까?

네.

그 이유에 대해 설명해 주세요.

공기가 없기 때문입니다.

변화구가 공기와 관계있다는 말이군요?

네, 그렇습니다.

그럼 변화구의 원리에 대해 설명해 주세요.

투수가 던진 공이 타자 가까이에 와서 방향이 변화하면서 갑자기 꺾이는 변화구를 던질 때 선수의 손을 봅시다. 선수는 중지를 실밥과 나란히 잡고 검지를 곁에 놓아 잡아요. 또 마지막 순간까지 강한 회전을 주기 위해 공은 꽉 쥐는 것이 좋지요. 엄지는 투수에 따라 다르게 놓는데 관절에 힘이 들어가게 쥐는 투수가 있는 반면, 엄지 끝에 힘을 쥐는 투수도 있어요. 엄지 관절에 힘을 주는 쪽이 좋은데, 그것은 더 많은 회전과 날카로운 변화를 줄 수 있기 때문이지요. 공을 얼마만큼의 깊이로 손 안에 넣어야 한다고 정해져 있지는 않지만, 투구할 때 편한 것을 택하면 됩니다. 던질 때는 검지와 중지로 던지기도 하지만 엄지를 밑 부분 실밥에 대고 두 손가락과 같이

손에서 튕겨 내듯 던져 더 많이 휘게 하기도 하지요. 그리고 공이 손에서 놓여질 때는 검지 위쪽으로 빠져나가게 되지요.

 볼이 갑자기 방향을 휙 트는 것은 무엇 때문이죠?

야구공이 아무런 회전 없이 직구로 날아가면 공 뒤쪽의 압력이 낮아지면서 뒤로 향하는 힘이 작용해 속도가 떨어집니다. 그런데 야구공에 회전을 걸어 주면 전혀 다른 현상이 벌어지지요.

어떻게요?

시계 방향으로 회전을 걸어 주면 야구공 주위의 공기가 그 흐름의 차이로 인해 공 뒤쪽의 압력이 낮아지는 부분이 오른쪽으로 치우치게 되고, 결과적으로 공이 왼쪽으로 휘게 됩니다. 이 현상은 독일의 물리학자 구스타프 마그누스가 1852년에 실험을 통해 발견한 것으로, '마그누스 효과' 라 불리지요. 투수들은 마그누스 효과를 이용해 좌우뿐 아니라 공이 떨어지는 지점도 바꿀 수 있습니다. 위에서 아래로 회전을 걸어

마그누스는 누구일까요?

독일의 물리학자인 구스타프 마그누스(Magnus, Heinrich Gustav, 1802~1870)는 1845년에 베를린대학 물리학과 교수가 되었으며, 자택을 실험실로 개방하였습니다. 셀렌과 텔루르 등의 화학적 연구와 역학, 수역학 등 다양한 분야의 연구를 하였으며, 물리학 분야에서는 마그누스 효과를 발견하였습니다.

주면 마그누스 효과는 지면을 향하게 돼 회전이 없을 때보다
더 일찍 공이 떨어지며 반대로 회전을 걸어 주면 좀더 먼 곳
에서 떨어지지요.

그럼 공기가 없으면 마그누스 효과가 안 생기겠군요.

물론이지요. 그러니까 변화구를 던질 수 없는 거지요.

고맙습니다. 판사님, 이제 판결하시죠.

변화구를 주무기로 갖는 투수에게 그렇게 던질 수 없는 곳에
서 공을 던지게 한 것은 공평한 게임이라고 볼 수 없습니다.
그러므로 두 공화국은 공기가 있는 지구에서 다시 재대결을
벌일 것을 판결합니다.

하늘을 나는 자동차

비행기가 하늘을 나는 까닭은 무엇일까요?

사건속으로

"날아다니는 자동차를 갖고 싶어!"

　늘 엉뚱한 생각으로 주변 사람들을 깜짝 놀라게
해 온 안비행 씨가 저녁 식사 자리에서 가족들에게
말했다.

안비행 씨의 말에 가족들이 저마다 한마디씩 했다.

"자동차가 비행기도 아니고, 어떻게 날아다니니?"

"식사 시간에는 쓸데없는 말은 삼가도록 해."

"쟤는 항상 말도 안 되는 소리만 한단 말이야."

온 가족의 핀잔에도 불구하고 안비행 씨는 날아다니는 자동차를 꼭 손에 넣고 말겠다고 결심했다. 그리고 그날부터 날아다니는 자동차를 파는 가게를 수소문했지만, 단 한 곳도 찾을 수 없었다.

'날아다니는 자동차가 없다면, 내가 자동차를 날 수 있게 만들면 되겠군.'

자신이 가지고 있던 빨간 스포츠카를 날아다니는 자동차로 개조하기로 마음먹은 안비행 씨는 과학공화국에서 가장 유명하다는 뚝딱 발명가의 사무실을 찾았다.

"이 차를 날아다니게 개조하고 싶은데 가능할까요?"

뚝딱 발명가가 흔쾌히 답했다.

"허허허, 물론이지요. 내게 불가능이란 없습니다. 당신은 새가 왜 날아간다고 생각하나요?"

안비행 씨가 대답했다.

"그야 날개가 있기 때문이죠."

뚝딱 발명가가 다시 한 번 유쾌하게 말했다.

"그렇습니다. 바로 날개가 핵심입니다. 당신의 자동차에도 날개를 단 뒤 아주 빠른 속도로 달리면 하늘을 날 수 있을 겁니다. 일주일 뒤에 만납시다."

파란 하늘을 날아다니는 빨간 스포츠카라……. 그 그림 같은 풍경을 상상하고는 흐뭇해진 안비행 씨가 그 자리에서 뚝딱 발명가에게 거액의 비용을 지불했다.

일주일 뒤.

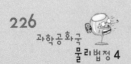

안비행 씨가 기대에 부푼 마음으로 뚝딱 발명가의 사무실을 찾았다.

의기양양한 표정을 한 발명가가 평평한 판때기 모양의 날개를 부착한 안비행 씨의 스포츠카를 자랑스럽게 내놓았다.

"자, 이제 이 자동차를 빠르게 운전하기만 하면 당신은 하늘을 날 수 있을 겁니다."

안비행 씨가 날개 달린 자동차의 운전석에 앉아 심호흡을 크게 한번 하고는 가속 페달을 힘껏 밟았다.

100km, 110km, 120km⋯⋯.

계속해서 속도를 높여 보았지만, 자동차는 좀처럼 뜨지 않았다.

쿵.

계속해서 가속 페달을 밟던 안비행 씨는 결국 과속으로 인한 교통사고로 병원에 실려 가고 말았다.

큰 수술까지 한 다음 가까스로 회복하게 된 안비행 씨는, 자동차가 날지도 못했을 뿐만 아니라 자신이 교통사고로 수술까지 하게 됐다며 뚝딱 발명가를 물리법정에 고소했다.

비행기의 날개는 곡선이기 때문에 날개 위쪽의 바람은 속력이
빠르고, 날개 아래쪽의 바람은 속력이 느립니다.
따라서 압력 차가 생기고 이로 인해 비행기가 뜨게 됩니다.

과학공화국
물리법정 4

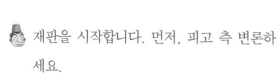

날아가는 자동차를 만들 수 있을까요?
물리법정에서 알아봅시다.

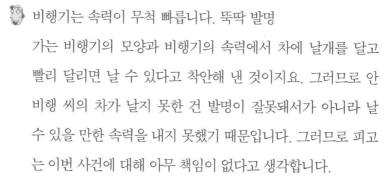

 재판을 시작합니다. 먼저, 피고 측 변론하
세요.

비행기는 속력이 무척 빠릅니다. 뚝딱 발명
가는 비행기의 모양과 비행기의 속력에서 차에 날개를 달고
빨리 달리면 날 수 있다고 착안해 낸 것이지요. 그러므로 안
비행 씨의 차가 날지 못한 건 발명이 잘못돼서가 아니라 날
수 있을 만한 속력을 내지 못했기 때문입니다. 그러므로 피고
는 이번 사건에 대해 아무 책임이 없다고 생각합니다.

원고 측, 변론하세요.

비행 전문가 다빈치 박사를 증인으로 요청합니다.

　　망토를 걸쳐 입은 긴 수염의 사내가 증인석으로 걸어 들
어왔다.

증인은 무슨 일을 하고 있습니까?

비행의 원리에 대해 연구하고 있습니다.

비행이라는 게 날개만 있으면 되는 건가요?

날개를 잘 만들어야 날 수 있습니다.

어떻게 만들어야 하죠.

우선 우리가 조사해 본 바에 의하면, 이번 사건과 관련된 자동차에 단 날개는 도저히 날 수 없는 구조였습니다.

그건 왜죠?

날개가 평평했으니까요.

그러면 안 되나요?

날개가 평평하면 양력을 받을 수 없어요. 양력을 받으려면, 날개의 위쪽은 구부러지게 아래쪽은 평평하게 만들지요.

양력이 뭔데요?

아래에서 위로 물체를 뜨게 하는 힘이죠.

그 힘은 어떻게 해서 생기는 거죠?

날개의 위아래에 공기의 압력 차가 나서 생깁니다. 날개의 윗면은 구부러져 있어서 공기가 빠르게 진행하고 아래쪽 평평한 면으로는 공기가 천천히 진행하지요. 그럼 위로는 공기가 빨리 움직이니까 공기의 밀도가 낮아져 위에서 아래로 누르는 압력이 작아지고, 아래로는 공기가 천천히 움직여 공기의 밀도가 높아져 공기의 압력이 커집니다. 그럼 압력의 차이 때문에 아래에서 위로 물체를 올리는 힘이 작용하는데, 그것이 바로 양력이지요.

그럼 날개의 설계가 잘못되어 날지 못한 거군요.

 그렇습니다.

 그럼 판결을 내려 주십시오, 판사님.

 많은 사람들이 날개만 있으면 날 수 있을 것이라고 생각하는데, 그게 아니었군요. 날개의 모양이 날 수 있는지 못 나는지를 결정하는 중요한 요인이 된다니, 이번 재판을 통해 새롭게 배웠습니다. 그리고 모두들 이번 사건을 통해 발명을 할 때는 과학의 원리를 정확하게 활용하는 노력이 필요하다는 점을 배웠으리라 생각합니다. 이번 비행 사건에 대해서는 뚝딱 발명가의 책임이 크다고 여겨집니다.

 유체는 어떻게 변형이 될까?

힘을 받은 물체는 일종의 긴장 상태에 있게 됩니다. 이렇게 물체가 긴장되는 정도를 변형력이라고 부릅니다. 힘을 받으면 물체가 많이 변형이 되는데, 그건 큰 변형력을 받기 때문입니다. 다른 물체에 비해 유체는 쉽게 변형하는 성질을 가지고 있는데, 그 유체가 힘을 받으면 어느 면이든지 같은 크기의 압력을 받게 되므로 유체를 다룰 때는 힘보다 압력을 주로 사용합니다.

파동

줄을 흔들 때나 물에 돌을 던졌을 때 파동이 만들어져요. 지각이 흔들리는 일인 지진도 파동이지요. 이렇게 물질의 한 부분에서 생긴 진동이 규칙적으로 옆으로 퍼져 나가는 현상을 '파동' 이라고 하지요. 이때 파동이 발생한 부분을 '파원', 파동을 전달해 주는 물질을 '매질' 이라고 불러요.

232

사람의 키를 신장이라고 하듯 파동도 크기가 있어요. 그 크기를 '파장'이라고 부르죠. 줄의 한쪽 끝을 벽에 매달고 반대쪽을 손으로 잡고 흔들면 줄이 출렁거리면서 높이 올라갔다가 가장 아래로 내려갔다가 하지요? 이때 가장 높이 올라간 지점을 '마루'라고 하고 가장 아래로 내려간 지점을 '골'이라고 불러요. 파동에서는 두 골 사이의 거리가 항상 일정한데, 이것이 바로 '파장'이에요. 파동의 각 질점(물체의 크기를 무시하고 질량이 모여 있다고 보는 점으로, 이 점으로 물체의 위치나 운동을 표시함)이 한 번 진동을 완료하는 데 걸리는 시간을 '주기'라고 하고 1초 동안 질점이 진동을 한 횟수를 '진동수'라고 하지요. 이때 파동의 속도와 주기와 파장 사이에는 다음과 같은 관계가 성립합니다.

(파장) = (속도) × (주기)

그리고 진동수는 주기의 역수로 구할 수 있습니다. 주기는 시간의 단위 s를 쓰니까 진동수의 단위는 s^{-1}가 되는데, 이것을 헤르츠(Hz)라고 쓰지요. 그러니까 다음과 같이 쓸 수 있습니다.

1 Hz = $1s^{-1}$

즉 1초 동안 진동을 한 번 완료하면 파동의 진동수는 1Hz예요.

왜 주기의 역수가 진동수일까요? 예를 들어 주기가 4초인 파동을 생각해 보죠. 그럼 각 질점이 한 번 진동을 완료하는 데 걸린 시간은 주기인 4초죠? 그럼 1초 동안 □번 진동을 완료한다 하면 다음과 같은 비례식이 됩니다.

1번 : 4초 = □번 : 1초

$$\therefore \square = \frac{1}{4}$$

그러니까 주기의 역수가 1초 동안 진동한 횟수, 즉 진동수가 되죠. 그러니까 이 경우 진동수는 0.25Hz입니다. 하지만 한 번 진동을 아주 빨리 하면 그러면 주기가 짧아지겠죠? 그럼 진동수는 커집니다. 예를 들어 주기가 0.01초라면 한 번 진동을 완료하는 데 0.01초라는 아주 짧은 시간이 걸리는 거죠. 이때 진동수는 $\frac{1}{0.01}$ =100 이니까 100Hz가 됩니다. 그러니까 파동의 전파 속도와 진동수와 파장과의 관계는 다음과 같습니다.

(파장) = (속도) ÷ (진동수)

동일한 파동이면 전파속도가 같나요? 물론이에요. 만일 그 파동이 같은 물질 속에서 움직인다면 파동의 속도는 같지요. 예를 들어 빛은 파동인데 공기 중에서 빛의 속도는 초속 30만 km로 항상 일정합니다. 하지만 빛이 물처럼 다른 물질을 지나갈 때는 속도가 느려진답니다. 그러니까 하나의 파동에 대해(즉 전파속도가 일정할 때) 파장은 진동수에 반비례하죠.

이번에는 파동의 에너지에 대해 알아보죠. 줄을 세게 흔들면 파장이 짧아집니다. 그러므로 진동수는 커집니다. 세게 흔들면 더 큰 에너지를 준 거니까 줄에 생긴 파동의 에너지는 크지요. 즉 파동의 에너지가 크면 파장이 짧아지고 진동수가 커진다는 것을 알 수 있지요.

파동에는 어떤 것들이 있을까?

팽팽하게 당겨진 줄이 그 평형 위치에서 변위된 정도가 줄을 타고 전파되는 '파동'입니다. 기타, 바이올린 등 현악기는 줄의 파동이 음파를 만들어 내게 됩니다. 음파는 매질을 구성하는 분자 등의 진동이 전파되는 파동으로서 파의 진행 방향으로 압축되었다가 팽창하면서 전파 됩니다. 이 음파는 공기 중으로 전파되어 우리 귀로 들을 수 있습니다.

고무막의 가장자리들을 팽팽하게 당겨서, 그 막의 일부분을 튕겨주면 변형된 모습이 사방으로 전파됩니다. 이는 줄의 파동이 2차원으로 확장된 것으로 이해할 수 있습니다. 이런 파동의 공명을 이용한 악기로 북 등의 타악기가 있습니다.

호수나 바다의 수면이 진동하면서 그 진동하는 양상이 주변으로 전파되는 파동으로 탄성에 의한 복원력의 종류에 따라 표면장력파, 중력에 의한 파 등이 있습니다.

전기장의 요동이 자기장을 만들거나 변화시키고, 또한 자기장의 요동이 전기장을 만들거나 변화시킵니다. 그리고 그 전기장이나 자기장의 변화는 다시 자기 자신의 변화를 유발하게 되어 결국에는 공간에서 파동 형태로 전파 되게 됩니다. 이를 '전자기파' 라고 합니다. 이 파동은 특이하게 매질을 바탕으로 하여 전파되는 것이 아니라, 공간 그 자체를 바탕으로 하여 전파되는 것이죠. 진공에서의 그 속도는 잘 알고 있는 대로 30만km/s입니다. 그리고 이 파의 파장에 따라 라디오파(전파), 마이크로파, 적외선, 가시광선, 자외선, X선, 감마선 등으로 구분하여 부르는데, 모두 전자기파로서의 공통적인 성질을 갖고 있지만 생겨나는 원리는 각각 다릅니다.

전파로서의 마이크로파는 파장이 극히 짧아서 많은 정보를 실어 보낼 수 있습니다. 그래서 위성통신, 정보 통신 등의 분야에 널리 쓰입니다. 뿐만 아니라 마이크로파는 금속에서 잘 반사되고, 유리, 공기, 종이 등에서는 잘 투과되나 수분을 포함하는 음식물 등에서는 흡수되어 열을 발생시키므로, 이를 이용하여 음식을 가열하는 데도 이용합니다. 가정에서도 많이 볼 수 있는 마이크로파 오븐(전자레인지)이 바로 물에 가장 잘 흡수되는 2.45기가헤르츠의 마이크로파를 이용한 조리 기구입니다.

횡파와 종파

파동은 크게 횡파와 종파로 나눌 수 있습니다. 지금까지 얘기한 파동은 횡파예요. 파동은 질점의 주기적인 진동이 옆으로 퍼져 나가는 거죠? 질점의 진동 방향과 파동의 전파 방향이 서로 수직을 이루는 파동을 '횡파'라고 합니다. 반면 매질의 진동 방향과 전파 방향이 나란한 파동을 '종파'라고 부르죠.

어떤 게 종파인가요? 긴 용수철의 한쪽을 당겼다 놓으면 용수철의 진동 방향은 수평 방향이고 파동의 전파 방향도 역시 수평 방향이니까, 이 파동은 종파입니다.

종파에서는 질점들이 어떻게 진동할까요? 용수철이 압축되어 있는 부분도 있고 팽창되어 있는 부분도 있죠? 압축되어 있는 곳은 질점들이 모여 있는 곳으로, '밀'이라고 부르고 팽창되어 있는 곳은 질점들이 멀리 떨어진 곳으로 '소'라고 부릅니다. 이때 파동이 퍼져 나가면 용수철의 탄성력 때문에 팽창되어 있던 곳은 압축되고 압축되었던 곳은 팽창하는 일이 주기적으로 반복되죠. 그러니까 밀 부분은 소 부분이 되었다가 다시 밀부분이 되지요. 이렇게 한 번 밀-소-밀로 오는 질점의 운동을 '진동'이라고 하고 그때까지 걸린 시간이 주기가 됩니다. 그래서 종파를 다른 말로 '소밀파'라고도 부릅니다.

우리 주변에도 종파가 있나요?

소리가 바로 공기를 매질로 하는 종파입니다. 소리는 발성 기관을 통해 공기에게 힘을 주어 공기 분자들이 용수철의 질점처럼 작용합니다. 그러니까 소리가 전파될 때 공기 분자들은 압축과 팽창을 반복하죠. 공기가 압축된 곳은 밀 부분이고 팽창된 부분은 소 부분이죠.

도플러 효과

사이렌을 울리면서 빠르게 다가왔다 지나가는 경찰차나 소방차의 사이렌 소리가 특이하게 변한다는 것을 느꼈을 것입니다. 이때 다가오는 순간에는 사이렌이 높은 음으로 들리고, 멀어지고 있을 때에는 낮은 음으로 바뀌는 것을 알 수 있는데, 이는 소리를 내는 물체의 운동이나 관측자의 운동에 따라 원래의 소리의 형태와 다르게 되기 때문입니다. 이러한 일은 일반적인 파동에 대하여 다 성립하는데, 이를 '도플러 효과'라 합니다. 이는 또 기찻길 옆에서 달려오거나 멀어져가는 기차의 기적 소리를 들을 때 뿐만 아니라, 기차 속에서 마주 달려오는 기차의 소리를 들을 때에나, 심지어 달려가는 기차에서 자신의 기차가 내는 소리가 다르게 들리는 것으로도 확인할 수 있습니다.

1842년 오스트리아의 물리학자 도플러가 음파에서 이 현상을 발견하여 명명된 도플러 효과는, 음파뿐만 아니라 수면파 등 일반적인 파동에서 다 성립합니다. 즉, 파원과 관측 장치, 파동이 전파되는 매질 등 세 가지의 상대속도에 따라 원래의 파장, 진동수와 다른 값으로 관측 장치에서 관측됩니다.

이 현상은 빠르게 움직이는 물체에 초음파를 쏘아서 반사되는 파동의 진동수를 관측하여 물체의 속력을 측정하는 도플러 속도계, 항공기에서 지상으로 전파를 발생하여 반사되어 수신되는 전파와 송신 전파와의 진동수의 차이(도플러 주파수)를 측정하여 비행기의 속도를 알아내는 도플러레이더 등에 응용됩니다.

파동의 간섭

간섭은 파동이 가지고 있는 특별한 성질의 하나로, 둘 이상의 동일한 진동수의 파동이 진행 방향을 달리하면서 공간에 전파될 때 위치에 따라 파동이 커져 나타나거나 줄어 나타나는 것을 말합니다. 이때 합성된 파동의 세기가 각각의 파동의 세기를 합한 것보다 더 커지는 것을 보강 간섭, 줄어드는 것을 소멸 간섭이라 합니다.

간섭을 일으킨 파동이 만드는 무늬를 간섭 무늬라고 하는데, 빛의 경우에는 밝고 어두운 부분이 반복되는 모양을 가리킵니다. 이러한 간섭무늬가 나타나는 근본적인 원인은 파동의 중첩 때문입니다. 즉, 진폭이 같은 두 파동이 만났을 때에는 두 파의 마루와 골이 정확하게 일치되어 간섭을 일으키면 하나의 파동에 비하여 진폭은 2배가 됩니다. 반면에 두 파동의 마루와 골이 서로 어긋나게 되면 진폭과 세기가 0이 되어 파동이 사라집니다.

무아레 간섭

모기장 같은 망사 두 장이 겹쳐 있을 때 망사를 이루는 세밀한 직물의 격자 간격보다 훨씬 크고 변화가 다양한 얼룩무늬를 볼 수 있습니다. 또한 머리빗 두 개를 겹쳐서 보면 간격이 빗살보다 넓은 새로운 어두운 그림자를 볼 수 있습니다. 이렇게 주기적인 무늬가 겹쳐서 원래의 주기보다 큰 무늬를 만드는 현상을 '무아레 간섭'이라 하고 이때 생기는 무늬를 '무아레 무늬'라고 합니다. 무아레는 프랑스 말로 '물결무늬'라는 뜻입니다.

무아레 무늬는 일상생활에서 널리 관측됩니다. 텔레비전에 줄무늬의 옷이나 다른 규칙적인 구조물을 비출 때 무지갯빛이 크게 나타나는 것을 볼 수 있습니다. 이도 역시 무아레 무늬의 하나로, 브라운관의 규칙적인 색소와 화면에 비추어지는 무늬가 간섭을 해서 나타나는 것입니다.

음파의 간섭

음파도 파동의 일종이므로 파동이 일반적으로 가지고 있는 여러 특성을 가집니다. 반사와 굴절, 회절, 간섭, 맥놀이 등의 현상이 나타나는데, 파장이 수센티미터 ~ 수미터이므로 그 현상들이 때로는 빛이나 전자기파처럼 파장이 짧은 파동과는 다른 느낌으로 나타나기도 합니다. 특히 빛이 장애물에서 막혀서 그림자가 만들어지는 것은 회절의 효과가 파장이 짧아지면서 줄어들기 때문인데, 음파의 경우에는 그림자가 지는 것 같은 현상이 잘 나타나지 않습니다. 이는 음파가 장애물을 돌아서 뒤쪽에도 잘 미치게 되기 때문인데, 또한 회절의 효과가 아주 크게 나타나기 때문이기도 합니다.

파동 만들기

여덟 개의 구슬로 파동을 직접 만들어 볼 수 있습니다. ⓐ부터 ⓗ 까지 8개의 구슬이 있다고 해 보죠.

ⓐ ⓑ ⓒ ⓓ ⓔ ⓕ ⓖ ⓗ

이제 '일'을 외치면 ⓐ는 위로 한 칸, '이' 하면 아래로 한 칸, '삼' 하면 또 아래로 한 칸, '사' 하면 위로 한 칸 올라와 다시 제자

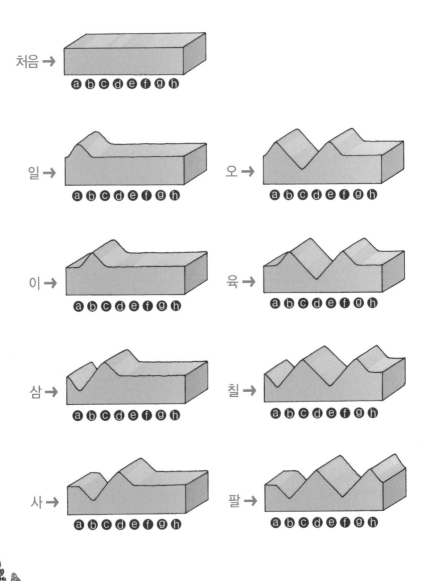

처음 → ⓐⓑⓒⓓⓔⓕⓖⓗ

일 → ⓐⓑⓒⓓⓔⓕⓖⓗ

오 → ⓐⓑⓒⓓⓔⓕⓖⓗ

이 → ⓐⓑⓒⓓⓔⓕⓖⓗ

육 → ⓐⓑⓒⓓⓔⓕⓖⓗ

삼 → ⓐⓑⓒⓓⓔⓕⓖⓗ

칠 → ⓐⓑⓒⓓⓔⓕⓖⓗ

사 → ⓐⓑⓒⓓⓔⓕⓖⓗ

팔 → ⓐⓑⓒⓓⓔⓕⓖⓗ

리로 오지요? '오' 부터는 이 동작을 반복한다고 해보죠. 그리고 ⓑ 는 '이'에서 이 동작을 시작하고 ⓒ는 '삼'에서, ⓓ는 '사'에서 이 동작을 시작한다고 해 보죠.

'팔'을 외칠 때까지 이 구슬들은 이런 식으로 왼쪽 그림과 같이 움직일 거예요.

이것이 가장 간단하게 파동을 만드는 방법입니다. 이때 여덟 개 의 구슬은 바로 파동의 매질을 이루지요.

물성에 관한 사건

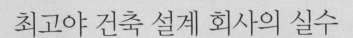

최고야 건축 설계 회사의 실수

건축 모형과 실제 건축물은 얼마나 똑같을까요?

"이번 주 행운 복권 당첨 번호를 발표하겠습니다."

두구두구두구.

"네, 제837회 행운 복권 1등 당첨 번호는 3, 9,

34, 35, 67, 98번입니다! 축하드립니다."

집에서 텔레비전으로 방송을 지켜보고 있던 조대박 씨의 손이

부들부들 떨리고 있었다.

'이게 꿈이야, 생시야. 내, 내가 일등에 당첨이 되다니…… 아무

튼 이제 난 부자다!'

어두컴컴한 지하 단칸방에서 벗어나는 것이 일생의 소원이었던

조대박 씨는 복권 당첨금을 받자마자 자신만의 집을 짓기 위해 최고야 건축 설계 회사를 찾아갔다.

최고야 건축 설계 회사는 모든 건물을 짓기 전에 축소 모형을 만들어 안전 실험을 한 다음 본격적인 공사를 진행하는 곳으로 과학 공화국 내에서도 명성이 자자했다.

"저희 최고야 건축 설계 회사에 무슨 일로 찾아오셨나요?"

조대박 씨가 자신이 원하는 집에 대해 설명했다.

"한 변의 길이가 10미터인 정육면체 모양의 집을 지으려고 찾아왔습니다."

조대박 건축 설계 회사의 담당자가 명랑한 목소리로 대꾸했다.

"와우, 센스가 뛰어나시군요! 저희 최고야 건축 설계 회사는 본격적인 공사에 앞서 모형을 만들어 고객님께 보여 드린답니다. 고객님께서 말씀하신 집을 100분의 1 비율로 축소한 모형을 만들어 놓을 테니 3일 뒤에 방문해 주십시오."

조대박 씨는 약속한 3일 뒤에 최고야 건축 설계 회사를 다시 방문했다.

건물의 축소 모형은 흠잡을 데 없이 훌륭했다. 지붕과 벽, 기둥은 탄탄하게 이어져 매우 안전하고, 건축 자재들도 아주 고급스러워 보였다.

조대박 씨가 만족스럽다는 듯이 말했다.

"정말 만족스럽네요. 당장 공사를 시작해 주세요."

최고야 건축 설계 회사 담당자가 믿음직하게 대답했다.

"그럼 내일부터 본격적으로 조대박 씨의 집을 짓는 것으로 하겠습니다."

뚝딱뚝딱.

최고야 건축 설계 회사는 본격적인 공사에 들어갔다.

그런데 이게 웬일! 모형을 만들 때와 똑같은 재료와 방법으로 집을 지었는데, 완성된 집이 붕괴되고 말았던 것이다.

조대박 씨는 부실 공사 때문에 집이 무너졌으니 새로 지어 달라고 요구했다. 그런데 최고야 건축 설계 회사는 건물의 축소 모형은 아무 문제없이 튼튼했기 때문에 실제 건물이 무너진 것은 회사 측의 잘못이 아니라며 새로 짓기를 거부했다.

화가 난, 조대박 씨는 최고야 건축 설계 회사를 물리법정에 고소했다.

기둥이 버텨야 할 건물의 무게는 부피와 비례하므로,
길이가 100배 늘어나면 100의 세제곱인
1,000,000배가 늘어나야 합니다.

모형 빌딩은 안 무너졌는데
왜 실제 빌딩은 무너졌을까요?
물리법정에서 알아봅시다.

 재판을 시작합니다. 피고 측, 변론하세요.

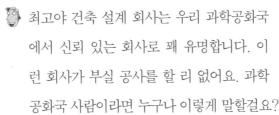 최고야 건축 설계 회사는 우리 과학공화국
에서 신뢰 있는 회사로 꽤 유명합니다. 이
런 회사가 부실 공사를 할 리 없어요. 과학
공화국 사람이라면 누구나 이렇게 말할걸요?

저는 처음 듣는데요.

저도요.

신문 좀 보세요! 최고야 건축 설계 회사가 만든 유명한 건물
이 얼마나 많은지…….

어떤 건물이 있는지 말해 보세요.

애견용 개집, 고양이 하우스, 동물원 사자의 집 등 이루 헤아
릴 수 없지요.

가만, 사람이 사는 곳은 안 만들었나요?

이번이 처음이라고 합니다.

에구구, 변론 들을 것도 없네요. 그럼 원고 측 변론하세요.

입체안전연구소의 안입체 소장을 증인으로 요청합니다.

네모반듯한 얼굴에 원통형의 몸매를 한 40대의 조금

뚱뚱한 남자가 증인석으로 들어왔다.

🧑 증인이 하는 일은 무엇입니까?

🧑 연구소 이름 그대로입니다. 모든 건축물은 입체이지요. 저는
그런 입체 건축물의 안정성에 대해 연구하고 있습니다.

🧑 건물을 안전하게 짓기 위해 고려해야 할 것으로 무엇이 있을
까요?

🧑 일반적으로 입체 건축물의 강도는 단면적에 비례하고, 건축
물의 무게는 건축물의 부피에 비례하지요.

🧑 알기 쉽게 설명해 주시겠습니까?

🧑 한 변의 길이가 1센티미터인 주사위로 한 변의 길이가 2센티
미터인 주사위를 만들려면 주사위 몇 개가 필요하지요?

🧑 8개요.

🧑 그럼 한 변의 길이가 2센티미터인 주사위의 한 면은 한 변의 길
이가 1센티미터인 주사위의 한 면의 넓이보다 얼마나 넓지요?

🧑 4배요.

🧑 그렇지요? 그러니까 주사위 한 변의 길이가 2배 늘어나면 단
면적은 4배 늘어나고 부피는 8배 늘어나지요.

🧑 그렇습니다.

🧑 그게 바로 이번 사건의 핵심입니다.

🧑 잘 이해가 안 가는데요?

지금 조대박 씨는 한 변의 길이가 10미터인 건물을 만들어 달
라고 최고야 건축 설계 회사에 의뢰했습니다. 그런데 최고야
회사에서는 100분의 1로 축소한 모형을 보여 주며 이것이 안
전하므로 실제 건축물도 안전할 거라고 했습니다.

그랬지요.

그건 잘못된 계산입니다.

그건 왜죠?

100분의 1로 축소된 모형 건물이 안전하다고 그대로 길이를

늘려 같은 모양으로 건물을 짓는다면 건물 기둥의 단면적은 100의 제곱인 10,000배로 늘어납니다.

그렇군요.

그런데 기둥이 버텨야 할 건물의 무게는 부피와 비례하므로 100의 세제곱인 1,000,000배가 늘어나야 합니다.

맞아요.

그러니까 1만 배 늘어난 기둥으로 1만 배 늘어난 무게를 견디리라는 사실은 확실하지만, 100만 배 늘어난 무게를 지탱할 수 있을지는 아무도 모르는 일이지요. 이번 건물의 경우는 바로 그런 잘못된 계산 때문에 벌어진 일입니다. 그래서 기둥이 실제 건물의 무게를 지탱하지 못하고 무너져 버린 것이지요.

아하, 그런 물리학적 지식이 필요했군요! 그렇다면 모형 건물의 안전이 반드시 실제 건물의 안전을 보장해 주는 건 아니므

부피의 단위

정육면체의 부피는 어떻게 구할까요? 정육면체는 직육면체의 일종입니다. 직육면체의 부피는 밑면의 넓이 곱하기 높이를 해서 구할 수 있었죠. 정육면체의 부피도 마찬가지로 구할 수 있습니다. 예를 들어 가로, 세로, 높이의 길이가 각각 1cm인 정육면체의 부피는 1cm × 1cm × 1cm = 1cm³ 가 됩니다. 여기서 cm³는 cm가 3번 곱해졌다는 뜻이고, 세제곱센티미터라고 부릅니다. 한 변의 길이가 10cm인 정육면체의 부피는 1,000cm³가 되겠죠. 이때 1,000cm³는 1L와 같습니다. L은 리터라고 읽고, 1,000cm³ = 1L가 되는 것입니다. 1L는 1,000㎖와 같습니다. ㎖은 밀리리터라고 읽습니다. 그렇다면 1cm³은 1㎖가 되는 것이군요. 또 많이 사용하는 부피의 단위로는 cc가 있습니다. 1㎖가 1cc가 됩니다. 슈퍼마켓에서 파는 큰 우유에는 보통 1,000cc라고 쓰여 있지요. 이것이 1L와 같은 부피랍니다.

로 이번 사건의 책임은 최고야 건축 설계 회사 측에 있다는 것이 저의 주장입니다.

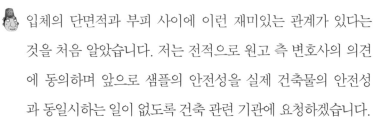 입체의 단면적과 부피 사이에 이런 재미있는 관계가 있다는 것을 처음 알았습니다. 저는 전적으로 원고 측 변호사의 의견에 동의하며 앞으로 샘플의 안전성을 실제 건축물의 안전성과 동일시하는 일이 없도록 건축 관련 기관에 요청하겠습니다.

재판이 끝난 후 물리법정의 재판 사례를 근거로 새로운 건축령이 시행되었다. 모형 건물의 안전 검사로는 실제 건축물의 안전을 예측할 수 없다는 것이 시행령의 중심 내용이었다.

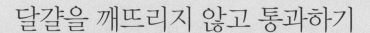

달걀을 깨뜨리지 않고 통과하기

판때기를 깔고 자동차를 달리면 왜 달걀이 안 깨질까요?

알알마을은 과학공화국에서 달걀을 가장 많이 생산하는 곳이다. '모든 달걀은 알알마을로 통한다'는 말이 있을 정도로, 과학공화국에 있는 대부분의 레스토랑과 학교 급식소, 가정에서는 알알마을의 달걀로 요리를 만들었다.

사정이 이렇다 보니 알알마을 사람들은 닭에게 모이를 주고 달걀을 포장해 전국 각지로 보내는 등 눈코 뜰 새 없이 바빴다.

어느 날, 알알마을로 한 통의 편지가 왔다. 조만간 이웃 수학공화국에서 귀한 손님들이 찾아올 예정이니 파티 음식에 쓰일 달걀

100판을 과학공화국 수석 요리사에게 보내라는 것이었다.

이 편지 한 통으로 안 그래도 바쁜 알알마을이 더욱 바빠졌다.

마을 사람들은 수석 요리사에게 보낼 최고급 달걀을 고르기 위해 창고에 있던 달걀들 모두를 마을 광장으로 보냈다.

그런데 창고 안에 있던 달걀이 너무 많아 광장은 물론 마을 앞 도로까지 그것을 펼쳐 놓을 수밖에 없었다.

"이장님, 창고에 있는 모든 달걀을 꺼내 놓았습니다."

이장이 마을에 펼쳐진 달걀을 확인하며 말했다.

"오늘은 너무 늦었으니 모두들 잠자리에 들고 내일 상쾌한 기분으로 최고급 달걀을 골라 봅시다."

알알마을 사람들은 달걀을 광장과 길거리에 펼쳐 놓은 채 모두 집으로 돌아갔다.

한편, 나급해 씨는 회사에 급한 일이 생겨 뻐꾹마을에서 소쩍마을로 이동하고 있었다. 소쩍마을로 가기 위해서는 반드시 알알마을을 통과해야 하기 때문에, 나급해 씨는 자동차를 몰고 급히 알알마을로 들어섰다.

"아니, 이게 뭐야?"

마을 광장은 물론 도로에 쫙 깔려 있는 동글동글한 달걀을 본 나급해 씨는 깜짝 놀랐다. 무슨 일인가 하고 알아보려 주위를 두리번거렸지만 사람이라곤 한 명도 보이지 않았다. 알알마을 사람들은 하루 종일 일하고 너무 피곤한 나머지 깊이 잠들어 있었던 것이다.

나급해 씨는 어쩔 수 없이 달걀을 하나하나씩 치우며 길을 헤쳐 나가야 했다. 하지만 아침 해가 뜰 때까지 달걀의 절반도 치우지 못했다.

결국 약속 시간을 어겨 엄청난 손해를 본 나급해 씨는, 도로 위에 달걀을 늘어놓아 통행에 방해가 되었다며 알알마을 사람들을 고소했다.

넓은 판자를 이용하면 자동차의 무게가 커다란 넓이로
나뉘어져 달걀 하나에 작용하는 압력은 작아지기 때문에
달걀이 안 깨질 수 있습니다.

과학공화국
물리법정 4

여기는 **물리법정**

도로 위에 달걀이 많이 늘어놓여 있으면
차가 갈 수 없나요?
물리법정에서 알아봅시다.

 재판을 시작합니다. 원고 측, 변론하세요.

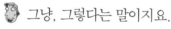 아무리 상식이 없기로서니 달걀을 도로에
늘어놓다니요? '차는 차도에 사람은 인도
에' 라는 말도 모르나요?

 그 말이 이 사건과 어떤 관계라도?

 그냥, 그렇다는 말이지요.

 변론이 끝났나요?

 아닙니다. 달걀은 잘 깨집니다. 그래서 달걀이지요.

 잘 깨지는 건 알겠는데 그래서 달걀이라니요?

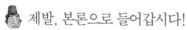 뭐, 그냥 해 본 말입니다.

 제발, 본론으로 들어갑시다!

 아무튼 사람이 손으로만 살짝 눌러도 깨지는 게 달걀인데 무
거운 차라면 순식간에 깨지는 것은 당연하지 않습니까? 그래,
'당연한 물리학' 이라는 책을 집필해 보는 것도 좋겠어.

 물치 변호사, 변론 그만하세요. 그럼 피고 측 변론하세요.

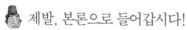 압력연구소의 김압력 소장을 증인으로 요청합니다.

머리가 벗어진 40대의 남자가 증인석으로 걸어 들어왔다.

증인은 압력에 대하여 연구하고 있는 걸로 아는데요.

맞습니다.

압력이 무엇인지 설명해 주세요.

보통 압력과 힘을 잘 구별하지 못하는데, 압력은 힘과 다릅니다.

그럼, 누가 나를 힘껏 누르면 아픕니다. 이것은 압력 때문입니까, 힘 때문입니까?

주로 압력 때문입니다. 압력은, 힘을 힘이 작용한 넓이로 나눈 양입니다.

그럼 압력은 힘과 비례하지 않습니까?

하지만 나누어 주는 양인 넓이가 있잖아요.

그게 무슨 영향을 줍니까?

김압력 박사가 갑자기 자리에서 일어나 피즈 변호사를 바늘로 콕 찔렀다.

앗, 뭐하는 겁니까?

압력 실험입니다.

말로 해도 될 것을…….

몸으로 느끼는 수업이 최고의 효과를 내지요. 지금 피즈 변호사는 조그만 바늘에 찔렸는데 아프지요?

네.

그건 바늘의 침이 아주 뾰족하기 때문이지요. 그 끝의 넓이가 아주 좁다는 의미입니다. 즉 바늘을 약한 힘으로 눌러도 나누는 양이 적으니까 큰 압력이 작용해서 아픈 거지요. 하지만 같은 바늘이라도 바늘귀로 찌르면 침으로 찔렀을 때보다 덜 아픕니다. 바늘귀의 넓이가 침의 넓이보다 넓어서 압력이 작아지기 때문이지요.

압력과 이번 사건이 무슨 관련이 있지요?

나급해 씨는 달걀을 일일이 옮겨 놓지 않고도 안 깨뜨리고 지나갈 수 있는 방법이 있었습니다.

설마요! 달걀이 얼마나 잘 깨지는데요.

달걀이 깨지는 것은 큰 압력을 받기 때문이지요.

그렇다면 압력을 낮게 하면 가능하다는 말인가요? 어떤 방법이죠?

먼저 도로에 깔린 달걀을 모두 덮을 수 있는 커다란 판때기를 준비합니다. 그리고 그 판때기를 달걀들 위에 올려놓습니다.

그 다음에는요?

그 판때기 위로 차를 지나가게 하는 거죠.

그러면 달걀이 안 깨지나요?

그렇습니다. 그때는 자동차의 무게가 넓은 넓이로 나뉘어져 달걀 하나에 작용하는 압력이 낮아지기 때문에 달걀이 안 깨지지요. 실제로 우리 연구소에서는 풍선들 위에 판때기를 놓고 차를 지나가게 하는 실험을 한 적이 있습니다.

풍선이 안 터졌나요?

하나도 안 터졌습니다. 낮은 압력이 풍선에 작용했기 때문이지요.

정말 신기하군요!

허허! 그렇다면 알알마을은 이번 사건에 책임이 없군요. 판사님, 판결 부탁해요.

달걀 위로 자동차가 지나가도 안 깨지는 방법이 있다는 걸 오늘 처음 알았습니다. 아무튼 부지런히 일하는 알알마을 사람들에게 피해가 가는 결론이 나지 않아 다행입니다. 과학을 이

압력

압력은 일정한 면적에 수직으로 작용하는 힘을 말합니다. 즉, 수직으로 작용하는 힘을 면적으로 나눈 값이 압력입니다.

다시 말하면 압력이란 수직으로 작용하는 힘 나누기 면적이 되는 셈이죠. 수직으로 작용하는 힘이 크면 클수록, 힘을 받는 면적이 좁으면 좁을수록 압력은 커지게 됩니다.

남성의 구둣발에 밟히는 것보다 여성의 하이힐에 밟히면 훨씬 아픈 이유도 압력에서 찾을 수 있습니다. 여성의 하이힐은 뾰족해서 작은 면적에 힘이 집중됩니다. 힘을 가하는 면적이 좁다는 뜻이지요. 같은 힘을 좁은 면적에 다 쏟아 부으니 누르는 힘이 더 세질 수밖에요. 그래서 하이힐에 밟히면 더 아픈 것이랍니다.

압력은 힘이 작용하는 곳이면, 어디에서든지 생깁니다. 눈의 내부에 작용해서 생기는 압력은 안압, 혈액이 혈관을 눌러서 생기는 압력은 혈압, 물이 힘을 가해서 생기는 압력은 수압, 공기(대기)가 내리눌러서 생기는 압력은 대기압이라고 합니다.

용하면 어떤 난관도 극복할 수 있다는 것을 이번 재판을 통해
깨닫게 되었습니다. 역시 우리 과학공화국은 아주 좋은 나라
입니다. 과학이 숨 쉬는 곳이니까요.

야구공 찌그러뜨리기

힘을 받으면 왜 물체의 모양이 변할까요?

왕과학 씨는 초등학교에 입학하기 전부터 유난히 과학을 좋아했다. 초등학교에 입학하고부터 고등학교를 졸업할 때까지 국어나 수학, 사회와 같은 다른 과목 시험에서는 50점을 넘어 본 적이 없었지만 과학 시험에서는 언제나 90점 이상의 높은 점수를 받았다.

그런 왕과학 씨의 과학 사랑은 끝이 없었다. 회사에서도 틈만 나면 과학 책을 읽었고, 신혼여행 길에도 가방 가득 과학 책을 가지고 가 신부를 기겁하게 만들었다.

어느덧 왕과학 씨에게도 자식이 생겼다. 아들이 태어나던 날 그의 입에서는 미소가 떠나질 않았다.

며칠 후, 왕과학 씨가 아들을 안고서 아내에게 말했다.

"우리 아들의 이름은 물리라고 하겠소. 왕물리. 이 아이는 내 아들이며 동시에 내 수제자가 될 것이오."

왕과학 씨의 아내가 기겁을 했다.

"뭐라고요? 맙소사!"

부인은 극구 반대했지만, 왕과학 씨의 황소고집은 누구도 말릴 수 없었다.

부모님의 극진한 사랑을 받으며 무럭무럭 건강하게 자란 왕물리는, 유치원에 들어가면서부터 왕과학 씨로부터 특별 과학 과외 수업을 받았다. 매일 하루 2시간씩 스파르타식으로 진행되는 왕과학 씨의 특별 수업을 받으며 왕물리도 어느새 과학을 좋아하는 중학생이 되었다.

"아빠, 내일 과학 시험이 있어요. 거기서 일등 하면 도내 과학 경시 대회에 참가할 수 있대요."

왕과학 씨가 드디어 아들의 실력을 자랑할 기회가 왔다며 기뻐했다.

"오, 드디어 우리 아들의 실력을 뽐낼 기회가 왔구나. 꼭 만점을 받아야 해."

왕물리는 아빠의 기대를 알고 있다는 듯이 답했다.

"식은 죽 먹기죠!"

다음 날, 왕물리가 시무룩한 얼굴을 하고 학교에서 돌아왔다.

"만점인 줄 알았는데, 한 문제 틀렸어요."

왕물리가 틀린 문제는 다음과 같았다.

다음 중 힘을 받아도 물체의 모양이 변하지 않는 것은?

① 배구공   ② 축구공   ③ 야구공

왕물리는 이 문제의 답이 없다고 답안을 제출했고, 선생님은 '③ 야구공' 이 정답이라고 했다.

한 문제를 틀린 왕물리는 2등을 해 결국 과학 경시 대회에 나가지 못하게 됐다.

"힘을 받으면 모든 물체의 모양이 변하는 건 당연하지!"

흥분한 왕과학 씨는 당장 학교로 찾아가 격렬하게 항의를 했고, 결국 이 문제는 물리법정으로 넘어가게 됐다.

탄성이란 물체가 힘을 받아 모양이 변하면서 원래의 상태로
돌아오려고 하는 성질을 말합니다.

여기는 물리법정

단단한 야구공도 힘을 받으면
모양이 변할까요?
물리법정에서 알아봅시다.

 재판을 시작합니다. 피고 측, 변론하세요.

 선생님이 맞다 하면 맞는 것이고 틀렸다 하
면 틀린 것이지, 뭘 따집니까? 어떻게 학생
이 선생님보다 과학을 잘할 수 있습니까?

 가만 선생님도 사람인데 실수할 때가 있는 게 아닌가요?

 뭐, 그럴 수도 있겠지요. 하지만 이번 문제는 어린아이들도
아는 문제입니다. 야구공이나 당구공은 무지무지 단단합니
다. 그래서 맞으면 아프지요. 그렇게 힘세다는 삼손이 아니고
서야 그 단단한 야구공의 모양을 어떻게 변하게 한다는 것입
니까? 야구공은 항상 그 모양을 유지합니다. 야구장에 가 보
세요. 야구공이 물렁물렁한 정구공처럼 찌그러지는 것을 본
적이 있습니까? 그러므로 본 변호사는 피고인 학교 측의 정답
에는 오류가 없다고 주장합니다.

 원고 측, 변론하세요.

 탄성연구소의 통튀어 박사를 증인으로 요청합니다.

장난기 많아 보이는 30대의 남자가 스카이콩콩을 타고

증인석으로 들어왔다.

🧔 증언할 자세가 안 되어 있군요.

🧔 이것 말인가요? 타 보세요. 얼마나 재미있는데요. 용수철이 압축되었다가 다시 원래의 모양으로 되돌아가는 탄성력으로 콩콩 튈 수 있지요.

🧔 그건 왜 타고 온 겁니까?

🧔 탄성연구소 사람들은 모두 이걸 타고 다닙니다.

🧔 알았습니다. 그럼 본론으로 들어가지요. 이번 야구공 사건에 대해 증인은 원고 측이 주장한 대로 야구공도 모양이 변한다고 했는데 어떤 근거로 그런 주장을 하신 거죠?

🧔 모든 물체는 힘을 받으면 모양이 변합니다. 다만 눈으로 변하는 것을 볼 수 있는 용수철이나 고무공이 있는가 하면 다른 장치를 사용해야만 볼 수 있는 게 있지요.

🧔 구체적으로 어떤 장치죠?

🧔 초고속 카메라입니다. 1초에 1,000장 이상을 찍을 수 있는 초고속 카메라로 찍으면 단단한 물체도 힘을 받아 모양이 변하는 것을 확인할 수 있습니다.

🧔 그런 카메라도 있습니까?

🧔 가격이 조금 비싸지요. 주로 연구소나 영화의 특수 촬영에서 사용됩니다.

🧔 물체가 힘을 받아 모양이 변하면 다시 원래의 모양으로 되돌

아옵니까?

네, 그런 성질을 탄성이라고 합니다. 물론 너무 큰 힘을 받으면 원래의 모양으로 못 돌아올 수도 있습니다.

그럼 야구공도 사람이 손끝으로 눌러 모양이 변하는 물체인가요?

그 정도의 힘으로는 모양 변화를 확인하기 어렵습니다.

그럼 어느 정도의 힘을 가해야 하지요?

야구장으로 가는 게 확실합니다.

그게 무슨 말이죠?

투수가 전속력으로 던진 공을 타자가 힘차게 배트를 휘둘러

홈런을 쳐 낼 때 야구공의 모양이 변하지요.

그래요? 아무리 봐도 변하는 줄 모르겠던데.

야구공이 배트에 닿는 시간은 불과 1,000분의 2초 내지 3초 정도입니다. 이 시간 동안 아주 큰 충격을 받기 때문에 야구공이 찌그러집니다.

아하! 그래서 초고속 카메라가 필요한 거군요.

그렇습니다. 실제로 야구공이 배트에 맞을 때 초고속 카메라로 촬영해 한 장 한 장씩 확인해 보면, 1,000장 중 2,3장의 사진에서 야구공이 럭비공처럼 찌그러진 모양을 볼 수 있습니다.

통튀어 박사는 증거 자료로 야구공이 럭비공처럼 변해 배트에 붙어 있는 사진을 판사에게 제출했다.

이렇게 완벽한 증거가 있으니 판결을 내려야겠네요. 이번 재판은 원고의 주장대로 야구공도 힘을 받으면 모양이 변하는 것으로 판결하겠습니다.

밀도

원자의 질량과 원자들 사이의 공간은 물질의 밀도를 결정합니다. 보통 물질이 무겁거나 가볍다고 느끼는 것은 밀도에 의해서입니다. 밀도는 주어진 공간에 얼마만큼의 질량이 들어 있는가, 즉 질량이 밀집된 정도를 의미합니다. 결국 밀도는 단위 부피당 물질의 양이지요. 이것은 다시 말해 질량을 부피로 나눈 값이기도 합니다.

질량의 단위는 그램(g) 또는 킬로그램(kg)이며, 부피의 단위는 세제곱센티미터(cm^3) 또는 세제곱미터(m^3)입니다. 물의 밀도 $1g/cm^3$는 섭씨 4도인 물 $1cm^3$의 질량과 같은 양입니다. 금의 밀도는 $19.3g/cm^3$이므로 같은 부피의 물보다 19.3배나 무겁습니다.

딱딱하고 푸른빛이 나는 흰색의 금속 원소 오스뮴은 지구상에서 가장 밀도가 높은 물질입니다. 오스뮴 원자 각각은 금, 수은, 납, 우라늄 등의 원자들보다 질량이 적으나, 결정 내에서 오스뮴 원자는 매우 가까이 모여 있어 가장 높은 밀도를 갖습니다. 이것은 1세제곱센티미터에 들어 있는 오스뮴 원자의 수가 제일 많다는 것을 의미합니다.

탄성

물체가 외부에서 작용하는 힘을 받으면 대개 크기나 모양이 바뀝니다. 이러한 변화는 물질 내에서 원자들이 배열과 결합에 따라 달라집니다.

용수철에 매달린 추는 용수철을 늘어나게 합니다. 추를 더 달면 용수철은 더 늘어납니다. 그러나 추가 제거되면 용수철은 원래의 길이로 되돌아옵니다. 이때 용수철이 '탄성을 가지고 있다'고 말합니다. 타자가 야구공을 치면 야구공은 순간적으로 모양이 바뀝니다. 궁사가 활을 쏠 때 우선 활시위를 당기는데 화살이 발사되면 원래 상태로 되돌아옵니다. 용수철, 야구공, 활 등은 모두 탄성체의 예입니다.

물체에 변형력이 작용할 때 형태가 바뀌었다가 변형력이 제거되면 원래의 상태로 되돌아오는 성질을 '탄성'이라고 합니다. 물체에 가해진 변형력이 제거되더라도 모든 물질들이 원래의 상태로 되돌아오지는 않습니다. 이렇게 변형된 후 원래의 상태로 되돌아오지 않는 물질을 '비탄성적'이라고 합니다. 진흙, 접합체, 반죽 등은 모두 비탄성 물질들입니다. 납 역시 쉽게 영구 변형시킬 수 있으므로 비탄성 물질입니다.

용수철에 추를 달면 추에 중력이 작용합니다. 늘어나는 정도는

273

작용한 힘에 직접 비례하지요. 17세기 중엽 뉴턴과 동시대 사람인 영국의 물리학자 로버트 후크는 '늘어나거나 압축된 길이는 작용한 힘에 비례한다' 는 식을 유도해 냈습니다. 이 관계식을 '후크의 법칙' 이라고 부릅니다.

탄성 물질이 일정한 정도 이상으로 늘어나거나 압축되면 원래 상태로 되돌가지 못하고 변형된 채로 남게 됩니다. 이와 같이 영구 변형이 일어나는 거리를 '탄성 한계' 라고 부릅니다. 힘을 가해서 탄성 한계를 넘지 않도록 물질을 늘리거나 압축할 때만 후크의 법칙이 성립합니다.

장력과 압축력

어떤 물체가 끌어당겨질 때 '물체가 장력을 받는다' 고 말합니다. 반대로 물체가 밀린다면 '물체가 압축력을 받는다' 고 말합니다. 압축력은 물체를 짧고 통통하게 하며, 장력은 물체를 길고 가늘게 만듭니다. 그러나 물체가 매우 단단한 경우에는 늘어남이나 줄어듦이 매우 작으므로 분명치 않습니다.

강철은 비교적 쉽게 늘리거나 압축할 수 있기 때문에 매우 좋은 탄성체입니다. 강철의 강도와 좋은 탄성 때문에 용수철뿐만 아니라 건축용 대들보로도 흔히 사용됩니다. 고층 건물의 건축에 사용되는 강철 대들보는 약간의 압축력을 받게 됩니다. 보통 고층 건물에 사용되는 길이 25미터의 강철 대들보는 10톤의 무게를 올려놓을 때 약 1미리미터 정도 압축됩니다. 강철대가 수평 대들보로 사용되면 변형이 생기기 쉬워서 대부분 무거운 무게를 견디지 못하고 휘어지게 됩니다.

수평 대들보의 양끝이 받쳐져 있다면 대들보 자체의 무게와 대들보에 올려놓은 물체의 무게 때문에 장력과 압축력을 모두 받게 됩니다.

한쪽 끝이 고정된 수평 대들보를 생각해 봅시다. 대들보의 자체 무게와 한쪽 끝에 놓인 물체의 무게 때문에 대들보는 휘어집니다. 이때 윗부분이 늘어나면서 분자들은 서로 떨어지려고 해, 변형이 일어나고 약간 길어집니다. 따라서 윗부분은 장력을 받고 있다고 할 수 있습니다. 그러나 아랫부분은 압축력을 받아 휘기 때문에 약간 짧아집니다. 따라서 윗부분은 장력을 받고, 아랫부분은 압축력을 받습니다. 윗부분과 아랫부분 사이에 중간 부분에는 장력이나 압축력을 받지 않아 아무런 변화도 일어나지 않습니다. 이 부분은 힘이 작용하지 않는 중립층입니다.

양끝이 받쳐져 있는 수평 대들보의 중앙에 물체를 올려놓으면 중간에 하중이 걸립니다. 이때 대들보의 윗부분에는 압축력이 아랫부분에는 장력이 작용합니다. 대들보의 길이 방향에 따라 중간 부분에 중립층이 있습니다.

강철 대들보의 단면적을 왜 I자 형태로 만들까요?

I자형 대들보는 볼록한 위와 아래 테두리 부분에 대부분의 강철이 집중되어 있습니다. 웹(Web)이라고 불리는 테두리를 연결하는 부분은 더 얇은 구조로 되어 있습니다. 그러므로 대들보가 수평으로 건축물에 사용될 때 변형력은 주로 중간 부분이 아닌 윗부분과 아랫부분에 작용합니다. 한 테두리는 압축되고 다른 테두리는 늘어날 것입니다. 위쪽과 아래쪽 테두리 사이에는 변형력이 없는 영역이 존재하며, 이곳의 주된 역할은 위아래를 연결시켜 주는 것입니다. 이것이 바로 중립층이며, 상대적으로 재료를 적게 필요로 하는 부분입니다. 즉 테두리가 대들보에 걸리는 대부분의 변형력을 받게 됩니다.

I자형 대들보는 거의 같은 크기의 사각형 고체 막대와 같은 강도를 가지지만 무게는 훨씬 가볍습니다. 큰 사각형 강철 대들보가 지표 위에 놓이면 자체의 무게로 무너져 내릴 수도 있는 반면에, 같은 크기의 I자형 대들보는 더 큰 하중에도 견딜 수 있습니다.

물리와 친해지세요

이 책을 쓰면서 좀 고민이 되었습니다. 과연 누구를 위해 이 책을 쓸 것인지 난감했거든요. 처음에는 대학생과 성인을 위해 쓰려고 했습니다. 그러다 생각을 바꾸었습니다. 물리와 관련된 생활 속의 사건이 초등학생과 중학생에게도 흥미 있을 거라는 생각에서였지요.

물리는 우리의 생활과 동떨어진 학문이 아닙니다. 하지만 실제 실험이 없이 교과서의 내용을 외워 시험을 보는 식으로 진행되는 지금의 물리 교육으로는 그런 적극적인 생각을 잊게 하고 맙니다.

물리는 '모든 사물의 이치'를 뜻하고, 물리학은 그런 이치를 깨우치는 학문입니다. 물질의 성질과 그것이 나타내는 모든 현상, 그리고 그들 사이의 관계나 법칙을 연구하는 것은 곧 우리가 살고 있는 세계를 연구하는 것과 같습니다.

이 책이 학생 여러분에게 생활 속의 물리를 찾고 관심 갖는 계기가 되기를 바랍니다.